江西理工大学清江学术文库

非晶合金变压器
振动机理与噪声抑制

刘道生　李家晨　杜伯学　著

扫码看本书彩图（部分）

北　京

冶金工业出版社

2023

内 容 提 要

本书对非晶合金变压器振动机理与噪声抑制进行了详细阐述，主要内容包括绪论，非晶合金变压器噪声机理及常见抑制措施，非晶合金带材及其组合的磁特性、振动特性验证，非晶合金铁芯振动与噪声的动态行为，非晶合金铁芯变压器稳定性与振动特性，微孔板吸声器在非晶合金变压器降噪中的应用，非晶合金变压器噪声预测软件。

本书适合从事非晶合金变压器振动特性与抑制研究的科研人员阅读，也可供从事非晶合金变压器设计与制造人员，以及高校相关专业的师生参考。

图书在版编目(CIP)数据

非晶合金变压器振动机理与噪声抑制/刘道生等著. —北京：冶金工业出版社，2021.11（2023.8 重印）
ISBN 978-7-5024-8932-8

Ⅰ.①非… Ⅱ.①刘… Ⅲ.①电力变压器—振动—监测 ②电力变压器—噪声控制 Ⅳ.①TM41

中国版本图书馆 CIP 数据核字(2021)第 200573 号

非晶合金变压器振动机理与噪声抑制

出版发行	冶金工业出版社	电　　话	(010)64027926
地　　址	北京市东城区嵩祝院北巷 39 号	邮　　编	100009
网　　址	www.mip1953.com	电子信箱	service@mip1953.com

责任编辑　杨　敏　美术编辑　彭子赫　版式设计　禹　蕊
责任校对　郑　娟　责任印制　禹　蕊
北京富资园科技发展有限公司印刷
2021 年 11 月第 1 版，2023 年 8 月第 2 次印刷
710mm×1000mm　1/16；11.75 印张；231 千字；180 页
定价 68.00 元

投稿电话　(010)64027932　投稿信箱　tougao@cnmip.com.cn
营销中心电话　(010)64044283
冶金工业出版社天猫旗舰店　yjgycbs.tmall.com
(本书如有印装质量问题，本社营销中心负责退换)

前　言

　　非晶合金带材凭借其自身导磁性好、电阻值高、损耗低和生产过程能耗少等优点，被广泛用作配电变压器的铁芯材料。随着非晶合金变压器的大规模使用，人们逐渐从关注其低空载损耗特性转到关注其噪声特性。由于其具有高磁致伸缩作用，所以噪声水平大大超出国家环保部门所制定的场界限制，对周边居民正常生活造成严重干扰。因此，研究非晶合金铁芯配电变压器（以下简称 AMDT）噪声产生机理及抑制方法，对研制新型节能环保型 AMDT 具有重要学术意义和工程应用价值。

　　由于非晶合金带材对应力非常敏感，利用其制造的铁芯不能受力，因此非晶合金变压器不能像普通硅钢片变压器一样以铁芯为骨架，且非晶合金铁芯整体悬挂在线圈上，铁芯无法固定与压紧。AMDT 的特殊结构及其带材的固有特性，导致磁致伸缩高的非晶合金铁芯振动与噪声比硅钢片变压器大。非晶合金变压器的噪声虽已得到电力部门与用户的重视，然而，目前在非晶合金变压器振动特性与噪声领域，尚无一部完整而详细阐述非晶合金变压器振动与噪声的专著。因此作者总结了多年来从事非晶合金变压器研发与设计、振动与噪声抑制相关的创新研究工作经验，进而形成一部对该领域发展有重要指导意义的著作，以期对非晶合金变压器噪声抑制研究与推动非晶合金变压器的应用起到积极的促进作用。

　　本书以不同厂家生产的非晶合金带材、其组合带材、铁芯和 AMDT 为研究对象，采用理论分析和实验相结合的方法，研究了带材铁芯及其组合后的铁芯磁性能、非晶合金铁芯、AMDT 夹件和油箱的振动特性，并编写了 AMDT 噪声预测软件。本书内容新颖且覆盖全面，兼顾非晶合金变压器振动产生机理介绍和降噪方法分析，理论分析与实践技术相结合，同时突出了非晶合金变压器铁芯、夹件和油箱等附件的振动特性，希望读者能藉此全面了解非晶合金变压器振动特性与噪声抑制方法的核心内容。

　　本书的出版得到了江西理工大学学术著作出版基金资助计划的资助，江西理工大学的领导和同事对本书的撰写和出版给予了关心和支持，曾游飞、蔡昌万、袁威和魏博凯等在本书撰写过程中做了大量的资料整理工作，在此一并表示感谢。

　　由于作者水平有限，书中不足之处，恳请广大读者批评指正。

刘道生

2021 年 6 月

目　录

1 绪 论

1.1 引言

近年来，我国经济向着高质量稳步发展前进，全社会用电负荷增长迅速，对电力行业的高质量发展提出更高的要求。从 2009 年我国独立研发的首条特高压 1000kV 交流输电工程试运行至今，远距离、大容量超高压和特高压交直流输电技术跨越式发展，目前我国特高压传输技术处于国际领先地位[1]。随着电压输送等级的提高与输送距离的增加，输配电损耗问题越来越突出。我国输配电线路的电能损耗中，配电网损耗约占整个电网损耗的 3/4，其中配电变压器损耗占据配电网损耗的比例高达 1/3，并且传统变压器的负载率不足 50%，其中空载损耗占据很大比例[2]。截至 2015 年，全国电网中运行的高效配电变压器比例不足 8.5%，新增高效配电变压器占比仅为 12%[3]。传统配电变压器的铁芯由硅钢片制成，其制作方法以及加工工艺趋于成熟，高磁感取向硅钢片、晶粒取向硅钢片逐步取代最初的普通薄钢片、热轧硅钢片[4,5]。尽管硅钢片在材料特性和电气、结构性能上提升显著，但采用硅钢片制造变压器铁芯引起的高损耗问题未能找到有效解决方法。

非晶合金铁芯配电变压器（amorphous metal distribution transformer，AMDT）是 20 世纪 80 年代开发的一种新型配电变压器，它能代替发电厂、变电站和配电所中运行的各种形式和不同容量的配电变压器。AMDT 的空载损耗是普通硅钢片变压器（conventional silicon steel distribution transformer，CSDT）的 1/4，因此可以利用此优点来降低电力系统中的损耗，以达到节能减排的目的[6,7]。特别是在负荷率比较低的农村地区等场所，更能发挥其节能的优越性。加速 AMDT 的推广与应用，对实现电网运行的节能减排目标意义重大，更符合《中国制造 2025》提出的高效、清洁、低碳、循环的绿色制造体系。

鉴于 AMDT 节能效益显著，国家电网和南方电网都在大力推广 AMDT 的应用[8]；AMDT 的材质和结构特点使之在具备低损耗优势的同时，也存在一些缺点，在产品的使用过程中，AMDT 存在噪声过大的问题。AMDT 铁芯的磁致伸缩现象是其产生噪声的主要根源[9]。由于非晶合金带材是液态金属在快速冷却时凝固形成的，材料内部残余应力特别大；用这种材料制作的变压器铁芯不能用外力夹紧，在变压器运行时，磁致伸缩引起的铁芯及其附件的振动几乎不受外力束缚，因此与普通硅钢片变压器相比，其振动能量与对应的幅值更大，噪声水平也更高。从 AMDT 线圈与铁芯装配的结构特点来看，AMDT 噪声来源主要有两方面：一方面来源于铁芯及线圈的电磁噪声；另一方面来源于铁芯与线圈的振动引起附件等结构件的振动辐射噪声：它们包括铁芯与线圈本身的振动噪声，以及铁芯与线圈的振动传递到附件等结构件引起的辐射噪声[10~13]。随着城镇化不断推进，变压器的安装位置逐渐向市中心、住宅区、学校和医院等公共场所转移，其运行时发出的电磁噪声已严重影响市民的身心健康和正常生活，变压器噪声的投诉案例屡见不鲜。资料显示，2010~2013 年我国某省非晶合金变压器故障中噪声超标占比达 16%[14]。在 2012 年 4 月 26 日的 AMDT 运行交流会上，大多数与会运维专家提出 AMDT 在运行维护行中存在噪声过大（与普通硅钢片变压器相比）和过载能力不强等问题。综上所述，研究非晶合金配电变压器的铁芯振动特性、降低由铁芯振动引起的噪声、提高变压器的产品性能，不仅是变压器生产企业的主要任务，也是该领域科研人员和工程技术人员的主要研究内容。

针对这些情况，本书围绕 AMDT 铁芯在退火前后的带材及其组合后的磁性能与振动特性、成品铁芯不同位置和采用不同减振垫时的振动特性、AMDT 器身与油箱对应位置的振动特性进行研究，分析非晶合金磁性能参数对其振动与噪声水平的影响，根据额定电压下的 AMDT 铁芯和变压器的振动特性，提出了加强铁芯、加强夹件、加强油箱和采用微孔板吸声器等抑制铁芯和 AMDT 振动与噪声的方法，并对其改善前后的振动特性与噪声水平进行了测试，验证提出的抑制方法的有效性，开发的噪声预测软件可在产品设计阶段为低噪声非晶合金变压器的研发提供参考依据。

1.2 非晶合金变压器发展现状

1.2.1 非晶合金变压器简介

1967 年美国加州工学院的杜威兹（Duwez）教授率先开发出 Fe-P-C 基非晶合金软磁材料，带动了非晶合金材料的研究与开发热潮。

非晶合金材料亦可称为金属玻璃，它的原子结构是非晶态结构，是目前国内外发现的一类高导磁材料。非晶合金材料的制备过程利用了超急冷凝方法，以每秒下降约 100 万摄氏度的速度使得钢液一次性成型为薄带。超极速的冷凝速度使得合金在冷凝结固时自身原子来不及整齐地排列，所以得到的金属是杂乱无序的结构。由于其不具有晶态合金所具有的晶粒及晶界，所以被称为非晶合金，其生产过程如图 1-1 所示。首先将铁、硅、硼等母料按一定配比搭配，再放入熔炉中冶炼成液态金属，然后将液态合金通过喷嘴直接喷射到冷却辊上，冷却速度达 10^6K/s，形成非晶合金原带材初品，最后通过全自动绕卷机和剪刀机等设备以

30m/s绕制速度制造而成。

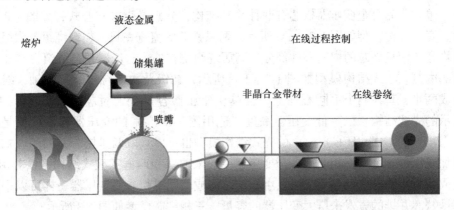

图 1-1 非晶合金铁芯带材的生产过程示意图

非晶合金材料具有非常多优异的特征，耐腐蚀、耐磨、高强度和高硬度均是其优异的特点，还具有高导磁性能和高电阻率及良好的机电耦合性能等优点。非晶合金材料饱和磁通密度低于硅钢材料，相对磁导率高于硅钢，两者的特性对比见表 1-1。

表 1-1 非晶合金及硅钢片特性对比

特　性	非晶合金	硅　钢
饱和磁密/T	1.56	2.03
设计磁密/T	1.2~1.4	1.6~1.8
电阻率/$\Omega \cdot cm$	130	45
矫磁力/$A \cdot m^{-1}$	1.5	40
密度/$kg \cdot m^{-3}$	7180	7600
厚度/mm	0.0254	0.23~0.30

总结对比非晶合金材料与硅钢片材料，其具有如下特性[15]：

（1）饱和磁感应强度较低，硅钢片材料在 2.03T 左右，而非晶材料较硅钢片比其低 0.47T 左右，通常在 1.56T。

（2）非晶合金材料的厚度为 0.0254mm，相比于硅钢带材厚度小了许多，由于厚度小的原因导致铁芯的叠片系数较小，通常只能达到 0.86mm 左右。

（3）由于非晶材料的硬度较高，通常是普通硅钢片材料的 5 倍，因此其加工较为困难。

（4）由于非晶材料的磁致伸缩程度高导致用其制作的变压器铁芯在运行时噪声较大，并且机械应力的存在会影响其磁致伸缩。非晶合金带材对应力十分敏感，不宜过度夹紧铁芯，以免变压器铁芯的机械应力过大而引发过高的噪声。

单相非晶合金变压器铁芯有两种铁芯结构，分别是壳式和心式，如图1-2所示。壳式结构模型如图1-2（a）所示，两只铁芯的窗宽一致，初级绕组及次级绕组均套在两只铁芯的中间心柱部分，高压绕组绕在外边，低压铜箔绕组在高压绕组的内侧。心式结构模型如图1-2（b）所示，初级及次级绕组分别同轴，线圈分成两半，套在两个不同心柱上。当单相变压器容量较大时应采取图1-2（b）所示的壳式结构，以降低变压器高度，适用图1-2（a）的变压器容量一般是图1-2（b）的1/2，图1-2（a）的壳式结构模型也可以采取两排铁芯并列的方式来增加变压器容量。三相非晶合金变压器一般采取三相四框五柱式结构，铁芯由2只或4只大框铁芯及2只或4只小框铁芯构成，同单相非晶变压器一样可以采取两排铁芯并排的方式来增大变压器的容量，三相铁芯模型如图1-3所示。

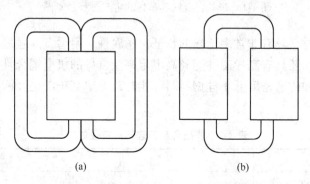

（a）　　　　　　　　　　　（b）

图 1-2　单相非晶合金变压器铁芯模型

（a）壳式；（b）心式

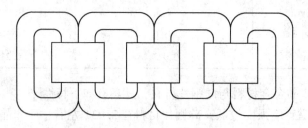

图 1-3　三相非晶合金变压器铁芯模型

三相四框五柱式非晶合金变压器的联结组别为 Dyn11，该组别可以有效抑制三次谐波电流，保证供电质量；在单相负荷为主并且经常发生三相不平衡运行情况下，应采用 Dyn11 联结方式。Dyn11 连接示意图如图1-4所示。

变压器损耗包括负载损耗与空载损耗。负载损耗又称铜损，变压器带负载运行时，由于一次侧及二次侧线圈存在电阻，通电后线圈中流过电流会发热，同时伴随着损耗的产生，这部分损耗称为铜损。铜损决定变压器线圈温升，油浸式变压器就是通过变压器油在变压器油箱内循环降低变压器内部产生的热量。铜损大小通常取决于变压器负荷的大小和绕组中的电阻大小。

变压器空载损耗亦被称为铁损，空载损耗又分为磁滞损耗及涡流损耗两部分。磁滞损耗是铁磁体等在反复磁化过程中因磁滞现象而消耗的能量，表现为磁化过程中一部分电磁能量不可逆转地转换为热能。由于铁芯受交变电流周期性变化的影响，磁性材料中的磁畴会进行翻转运动，在运动的同时会出现摩擦现象，而摩擦需要消耗能量，此能量消耗的高低即为磁滞损耗值。非晶合金材料及传统硅钢片材料的磁化曲线如图 1-5 所示，通过铁磁性材料的 *B-H* 曲线的面积可以得出材料的磁滞损耗值的大小分布趋势。

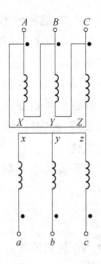

图 1-4　Dyn11 连接组别

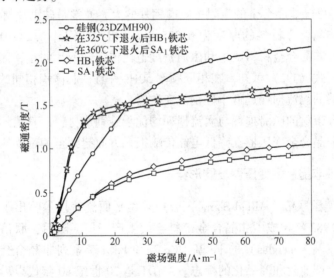

图 1-5　非晶合金及硅钢片材料磁化曲线示意图[16]

从图 1-5 中可知，相比于传统硅钢片材料，非晶合金材料磁滞回线包含的面积更小，因此在同一激励频率及同等铁芯体积情况下，非晶合金材料的磁滞损耗低于硅钢片材料。

工程实际中通常采取式（1-1）计算变压器的磁滞损耗 P_h 的大小：

$$P_h = K_h f B_m^\alpha V \tag{1-1}$$

式中，K_h 为磁滞损耗系数，其取值与材料的特性有关；f 为激励的频率，取 50Hz

工频；B_m 为饱和磁感应强度，T；α 为与材料有关的系数；V 为铁芯的体积，m^3。

结合式（1-1）并根据表 1-1 可知非晶合金材料的饱和磁通密度较硅钢片低，同时由于磁滞损耗系数 K_h 及 α 系数均低于硅钢材料，因此工频 50Hz 及同等铁芯体积情况下非晶合金材料的磁滞损耗低于硅钢片材料。

涡流损耗是变压器铁芯处于交变磁场中时，铁芯内的感生电流导致的能量损耗，表现为交变磁场使铁芯感应出涡流，涡流通过有电阻的铁芯产生热能，引起涡流损耗。

工程实际中一般是采取经验公式（1-2）来计算变压器的涡流损耗 P_e 的大小：

$$P_e = K_e d^2 f^2 B_m^2 V \qquad\qquad (1-2)$$

式中，K_e 为涡流损耗系数，其值与材料的特性有关，材料的电阻率越大涡流损耗则越小；d 为材料的厚度，m；B_m 为材料的饱和磁通密度，T；V 为铁芯的体积，m^3。

由表 1-1 可知非晶合金的电阻率较硅钢片的大，通常是硅钢片材料的 3~4 倍左右，同时非晶合金材料的厚度为 0.0254mm，相比硅钢片 0.23~0.30mm 的厚度小很多，且非晶合金材料的饱和磁通密度也比传统硅钢片的小，因此结合上述对比和经验公式（1-2）可知，在相同频率 50Hz 并且铁芯体积相同的条件下，非晶合金变压器的涡流损耗远低于硅钢片变压器。

非晶合金带材的磁滞损耗与涡流损耗均优于硅钢片材料，其值均小于传统硅钢片，所以非晶合金变压器在降低电能传输损耗方面起到至关重要的作用。

1.2.2 国内外非晶合金变压器发展形势

1979 年美国联信（Allied Signal）公司采用平面流铸技术喷出了非晶合金宽带材，并于 1982 年建成了非晶合金带材连续生产工厂。随后，联信公司推出了命名为金属玻璃（metglas）的 Fe 基、Co 基和 FeNi 基系列非晶合金带材，这是非晶合金带材产业化和商品化的标志。AMDT 是 20 世纪 80 年代以后发展最快的配电变压器品种之一。在 20 世纪 80 年代，美国通用电气公司（GE）、美国电力研究所（EPRI）和帝国电力研究公司（ES-EERCO）联合研制了非晶合金变压器（Amorphous Core Transformer，AMT），到 1985 年底已有 1000 台小容量单相 AMDT 在美国多个地方的电网中试运行。大规模的非晶合金变压器生产是从 1986 年开始的，目前非晶合金油浸式和干式变压器最高电压等级为 35kV，最大容量为 2500kV·A。在美国已有 100 多万台 AMDT 投入运行，每年新增长的 AMDT 台数在配电变压器中都保持较高的比例。当前非晶合金配电变压器技术在世界各地得到了广泛的应用与普及，日本及加拿大等发达国家均有非晶合金配电变压器制造厂商；欧洲一些较为著名的非晶合金配电变压器厂商主要有 ABB、法国阿尔斯通公司以及西班牙的 Bilbao_ ABB Trofodld SA 等公司；东欧一些国家最近几年也越来越重视非晶合金配电变压器的生产及应用；一些资源有限的国家（如日本）更加注重节能型配电变压器的普及和推广，其中出现一些具有代表性的厂家，如日立金属公司及代恒变压器厂等，目前日立公司已全部收购了 ABB 全球变压器业务。

　　在我国配电系统中，AMDT 的应用也越来越广泛，已取代其他类型的节能变压器成为配电变压器发展主流。我国政府非常重视 AMDT 的应用，从 1978 年开始，非晶合金变压器及其材料的研制工作全面展开，由于受到国内加工设备和工艺水平等因素的限制，进展比较缓慢。1994 年初，由国家经贸委牵头，其他相关职能部门配合成立了"AMDT 统一设计中国工作小组"，该小组与美国联信（AlliedSignal）公司合作，开展了 AMDT 的研发与试制工作。在 20 世纪 90 年代初，该工作小组组织我国 6 家生产条件较好的配电变压器生产厂家参与美国联信公司的非晶合金配电变压器产品试制工作，这些厂家根据联信公司提供的铁芯和建议的结构设计出了非晶合金配电变压器。尽管各个厂家设计、生产制造和工艺水平不一致，但是最终产品都达到了最初预想的目标。1995 年，前后有两批非晶合金变压器样机挂网试运行。1995 年 8 月 29 日，"三委三部"在北京组织召开了 AMDT 样机鉴定会，对 6 个厂家试制的 160kV·A、200kV·A、315kV·A、500kV·A 四种规格 6 台 AMDT 样机进行了鉴定。与会专家一致认为，开发和使用非晶合金变压器符合国家能源政策，非晶合金变压器是配电变压器的发展方向，在中国生产使用非晶合金变压器技术上是可行的。1996 年 1 月 1 日，为推广非晶合金变压器，"三委三部"联合签发了机重〔1995〕39 号文件，非晶合金变压器经过与会专家鉴定，产品质量稳定可靠，应用前景非常广泛。1997 年单相油浸式和干式及三相干式非晶合金变压器研发技术取得了关键性的突破。1998年上海置信电气公司引进美国通用电气非晶合金配电变压器全套生产制造技术，同时开发了制造非晶合金变压器的相关设备，正式步入非晶合金配电变压器研发、生产的消化与大规模制造时代。1999 年由广州思翔电磁公司负责设计，西安非晶科技公司生产了 4 台额定容量 100kV·A 的三相油浸式非晶合金配电变压器，且通过了相关型式试验。与此同时山东达驰电气公司与清华大学共同研发了额定容量为 630kV·A 的非晶合金配电变压器，通过国家变压器质量检验中心检测。2006 年 4 月，由国家发展改革委员会牵头，中国机械工业联合会与中国电器工业协会协办的"非晶合金变压器应用工作座谈会"在北京召开，AMDT 再次成为关注的焦点，其显著的节能效果是使其得到推广的重要因素。2006 年，为积极推广节能型变压器，国家标准委员会发布了代号为 GB 20056—2006 的三相节能型配电变压器强制性国家标准，标准从 2010 年 7 月 1 日起开始实行。标准要求新增加的配电变压器损耗要降低到 S11 水平；如果配电变压器的水平高于该指标将被认为是高耗能产品，禁止生产和销售，否则要受到处罚，因此该标准的执行推动了高效节能变压器加速发展。2009 年，国家电网为响应政府号召提出了发展节能技术的要求，该要求在一定程度上促进了 AMDT 等新电力装备的研究开发与应用。2009 年，南方电网要求全面启动管理电网线损达标活动，努力降低输变电环节的电能损耗，要求加大对节能型电力设备的管理与使用。在配电和变电环节中积极推广节能设备，实施多项高损耗配电变压器技术改造，推广 AMDT 等节能型配电变压器的应用。2010 年 4 月 13 日，国家电监会下发了《2010 年电力企业节能减排督查工作方案》，要求对山东、河北等 8 省电网企业，在电网节能方面对电网企业的线损率变化情况、电网节能技术改造情况等进行督查，进一步推动电力企业的节能减排。2010 年 5 月 4 日，国务院下发了《关于进一步加大工作力度，确保实现"十一五"节能减排目标的通知》，指出节能减排的重要性和紧迫性，要求各级政府部门齐心协力，强化落实节能减排目标责任制，确保实现"十一五"节能减排目标，电网企业的节能减排是实现该目标的关键环节。当前，我国大约有 50 余家规模变压器制造厂商从事非晶合金配电变压器研发及生产制造工作。

在输变电设备中，变压器是耗能大户。我国变压器的总损耗占电力系统总发电量的 10%左右，损耗每降低 1%，每年可节约上百亿度电。配电变压器的损耗是线路损耗的主要部分，我国电力系统的平均线损率比一些先进工业国家高出 8%~9%。运行中的配电变压器损耗占发电总量的 2.5%，相当于 7 个百万千瓦级的发电厂产生的电能。由于 AMDT 具有空载损耗低和带材制作过程节能的优点（非晶合金从合金材料到一次成材，与传统硅钢片相比，其生产装备与流程简单，效率高，可简化近十道工序，能耗降低 75%~80%），对于变压器制造企业和电力设备用户有很大吸引力。为此，人们正在克服其不足之处，大力推广 AMDT 的应用。其应用将解决我国电力供应紧张状况，为建设节约型社会有着重要意义，是落实中央政府"节能减排"的有效举措之一。

非晶合金变压器市场推广的有利因素显著，市场启动迹象明显，其有利条件主要包含以下几点：

（1）国家有关部委、国家电网公司下大力推广各类型的非晶合金变压器。国家在经济发展政策中提出了"能耗"的考核指标，这表明国家在产业政策中将大力推广节能产品的应用。2006 年 11 月，国家电网总经理刘振亚在谈到以先进技术推进电网集约化发展时专门指出要积极采用非晶合金变压器等节能型电力设备和无功补偿等技术降低电网损耗。新颁布的配电变压器强制能效标准要求采用低损耗节能变压器，以提高配电效率。电力行业标准 DL 1599—2016《城市中低配电网改造技术导则》也提出，在城乡电网改造规划过程中，要采用符合国家或部级标准的节能、安全的优质产品，优先使用非晶合金配电变压器等节能型电力设备。各级政府和电力主管部门对国家节能降耗意识的增强以及对新型非晶合金配电变压器认识的深入，有力推动了非晶合金配电变压器在市场中的普及和应用。上海、江苏、浙江等地区在新上线路和改造线路中已经大规模应用了非晶合金配电变压器，起到了良好的示范作用。东北、宁夏、山西、云南、广东、山东和福建等许多地区，非晶合金配电变压器正处于大规模推广和应用阶段。

（2）非晶合金变压器与硅钢变压器的价格差逐步减小。近年来，硅钢片价格不断上涨，而非晶合金材料的价格却保持基本稳定。非晶合金材料与硅钢片成本比已下降到 1.2 倍以内。根据国家计委节能局颁布的《关于节约能源基本建设项目可行性研究的暂行规定》测算，非晶合金配电变压器与硅钢变压器价差能够在 3 年内收回。同时随着能源价格上涨，非晶合金配电变压器的节能收益会不断彰显。原材料的垄断格局被打破。过去国内生产非晶合金变压器的企业，所需非晶合金带材主要依赖于进口。2006 年，钢铁研究总院控股的安泰科技股份有限公司千吨级非晶合金带材生产线成功生产出毫米宽的非晶合金带材，这标志着我国打破了某些国家对非晶合金原材料的垄断地位，对于我国非晶合金变压器市场的拓展意义重大。然而，目前国内真正能独立生产和设计非晶合金变压器的厂家并不多。其中大部分非晶合金变压器的生产厂家均为原先的硅钢变压器生产厂家，它们在购买非晶合金铁芯的同时获得已经被淘汰的非晶合金变压器设计与生产图纸，然后进行批量生产。相关非晶合金变压器专业设计技术人员的缺失和匮乏，导致产品原材料大量浪费、成本抬高及质量不稳定。非晶合金变压器的设计技术有别于其他型号的普通硅钢变压器，降低产品成本、缩短产品设计周期、不断完善相关结构件的设计技术已成为其亟待解决的问题。现在，非晶合金变压器的广阔市场需求与相关技术的落后以及由此导致的产品价格偏高、产品更新速度缓慢构成了尖锐的矛盾，要解决此问题就必须加大非晶合金变压器的设计技术研究。降低非晶合金变压器的设计成本、加快非晶合金变压器的更新换代速度已成为当务之急。

随着国家节能增效政策的提出落实，节能降耗已成为全社会共识。我国变压器市场现状的竞争日趋白热化，硅钢片的价格一涨再涨使得非晶合金变压器的相对成本大幅下降。在此背景下，非晶合金变压器生产厂家若采用合理的设计方案进行生产，一定能降低产品的制造成本，缩短产品设计周期，抢占更多的市场份额。非晶合金变压器要实现普及和推广应用的目标，降低非晶合金变压器的设计成本和缩短设计周期是当务之急。将计算机应用于非晶合金变压器的优化设计和采用国产材料等替代材料能有效解决成本偏高的问题，具有重要的意义。

纵观变压器发展历史，每一种新材料的出现，都会给变压器制造带来一场技术革命。因此非晶合金带材的问世必然为变压器制造历史树立一块新的里程碑。

1.3　本书内容安排

AMDT 可听噪声污染非常严重，虽然国内外已经对此做了不少有益的工作，但是在可听噪声产生机理方面仍然缺乏系统研究，在单台 AMDT 可听噪声抑制方面也缺乏成熟有效的措施。目前，AMDT 噪声已成为国内外电力设备用户关注的焦点，其中非晶合金铁芯的磁致伸缩是造成 AMDT 振动的一个重要原因。本书从实际工程中提出问题，以非晶合金带材及其组合、非晶合金铁芯和非晶合金变压器为研究对象，采用工频电压激励试样或样机，使其模拟现场运行时的振动，通过压电传感测量系统和数据采集系统实时观察并记录不同条件下非晶合金带材、铁芯和 AMDT 振动和噪声水平，总结各种因素对非晶合金铁芯和 AMDT 振动特性的影响规律，研究分析非晶合金铁芯和变压器的不同位置的振动能量，并揭示其振动机理，寻找到抑制其振动的方法，有效降低 AMDT 的噪声。

本书主要的研究内容如下：

第 1 章介绍非晶合金变压器的优缺点和发展趋势。

第 2 章介绍非晶合金变压器噪声与振动机理和常见抑制方法，包括噪声来源和传递途径、国内外变压器振动噪声和抑制措施的研究现状。

第 3 章介绍常用非晶合金带材的主要磁特性和振动特性。建立磁性能测试和振动测试实验平台，介绍测试平台的主要仪器或部件，特别是振动传感器的选择。借助磁测量系统研究非晶合金退火前后的磁性能，借助振动测量平台测试非晶合金带材及其组合后的振动幅值与噪声水平。根据各向异性理论对非晶合金带材退火前后静态和动态磁性能变化机理进行分析，提出了采用合理的组合带材的方式来改善铁芯振动特性与噪声水平。

第 4 章研究非晶合金铁芯的振动规律和噪声水平，对其产生的机理进行了分析，并提出了非晶合金铁芯有效降噪措施。

第 5 章研究 AMDT 夹件和油箱表面的振动特性，利用有限元分析计算铁芯模态振动、夹件和绝缘筒应力场分布，并对油浸式非晶合金变压器产品噪声产生机理进行分析，提出了 AMDT 降噪的有效方法。

第 6 章研究采用微孔板吸声器抑制 AMDT 中的振动与噪声，通过实验验证其噪声与振动抑制措施的有效性，根据振动测试结果，分析了其抑制机理及相应的影响因素。

第 7 章设计了三相非晶合金油浸式变压器噪声预测系统，并介绍该软件的设计流程、功能和界面。

参 考 文 献

[1] 刘振亚. 特高压交直流电网 [M]. 北京：中国电力出版社, 2013.

[2] 盛万兴, 王金丽. 非晶合金铁心配电变压器应用技术 [M]. 北京：中国电力出版社, 2009.

[3] 工业和信息化部, 质检总局, 发展改革委. 配电变压器能效提升计划（2015—2017）[B]. 2015.

[4] 汤浩, 仇宇舟, 张书琦, 等. 特高压变压器用高磁感取向硅钢片励磁特性 [J]. 高电压技术, 2018, 44（3）：959~967.

[5] 程灵, 杨富尧, 马光, 等. 电力变压器用高磁感取向硅钢的发展及应用 [J]. 材料导报, 2014, 28（6）：115~118.

[6] Hasegawa R, Azuma D. Impacts of amorphous metal-based transformers on energy efficiency and environment [J]. Journal of Magnetism and Magnetic Materials, 2008, 320（6）：2451~2456.

[7] 王金丽, 盛万兴, 向驰. 非晶合金配电变压器的应用及其节能分析 [J]. 电网技术, 2007, 8（4）：110~112.

[8] 刘道生. 我国非晶合金变压器技术调研分析报告 [J]. 电气制造, 2012（2）：30~35.

[9] 何洪军, 饶柱石, 塔娜. 非晶合金变压器振动噪声诊断 [J]. 噪声与振动控制, 2009（6）：22~25.

[10] Ertl M, Voss S. The role of load harmonics in audible noise of electrical transformers [J]. Journal of Sound and Vibration, 2014, 333（1）：2253~2270.

[11] Ghalamestani S G, Vandevelde L, Dirckx J J, et al. Magnetostrictive vibrations model of a three-phase transformer core and the contribution of the fifth harmonic in the grid voltage [J]. Journal of Applied Physics, 2014, 115（17）：17A316-1~17A316-3.

[12] Chang Y H, Hsu C H, Chu H L, et al. Magnetomechanical vibrations of three-phase three-leg transformer with different amorphous-cored structures [J]. IEEE Transactions on Magnetics, 2011, 47（10）：2780~2783.

[13] Phway T P P, Moses A J. Magnetisation-induced mechanical resonance in electrical steel [J]. Journal of Magnetism and Magnetic Materials, 2014, 316（3）：468~471.

[14] 李学斌, 于在明, 韩洪刚. 非晶合金变压器典型故障原因分析 [J]. 东北电力技术, 2014, 35（5）：31~34.

[15] 李寅. 非晶合金变压器节能性的研究与应用 [D]. 广州：华南理工大学, 2015.

[16] Hsu C H, Chang Y H. Impacts of Fe-based Amorphous HB1 Core Transformers on Energy Efficiency and Environment Protection [C]// Proceedings of the 8th WSEAS International Conference on Instrumentation, Measurement, Circuits and Systems, Hangzhou, China, May 2009.

2　非晶合金变压器噪声机理及常见抑制措施

2.1　非晶合金变压器噪声来源及传递途径

变压器噪声来源于三个方面：铁芯振动、绕组振动和结构件振动，噪声传递过程如图 2-1 所示[1]。

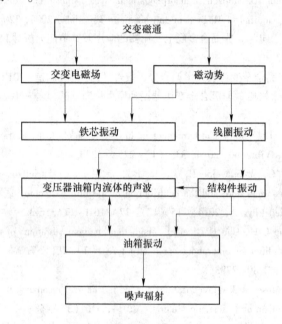

图 2-1　变压器噪声传递过程

铁芯振动由磁致伸缩效应以及铁芯接缝和叠片间漏磁场引起的电磁力造成。磁致伸缩是磁性材料的固有属性，表现为在有外界激励源时，材料的宏观尺寸与体积会发生微小的变化[2,3]。磁致伸缩效应不仅作用于铁芯的轴向振动，同样也作用于铁芯的辐向振动（在内外绕组安匝平衡时）。由于引起绕组振动的电磁力单一影响铁芯辐向振动，并且磁致伸缩引发的振动在数值上远高于动态电磁力引发的振动，因此铁芯的振动可认为主要源于磁致伸缩效应[4]。

绕组振动来源于电流通过绕组、线匝时产生的动态电磁力。绕组间电磁力产生的振动与线圈中流过电流的平方呈正比。当变压器处于负载运行状态下，铁芯中的励磁电流通常远远小于线圈中的负载电流，因此在负载状态下由绕组振动产生的噪声往往占据较大部分；若变压器处于空载运行状态下励磁电流在一次绕组间数值非常小，则此状态下由绕组引起的振动可近似忽略。

　　油浸式变压器结构件振动主要由油箱、冷却风扇和结构夹件等附件引起，同时铁芯和绕组的振动会通过固体和液体传递至结构件加强其振动。对于浇注干式变压器，一般采用树脂绝缘，冷却方式大多采用空气自冷，没有油箱和风扇等设备，结构件振动由铁芯和绕组的振动传递至夹件等结构件引起。

2.1.1　变压器可听噪声产生机理研究现状

　　国内外的研究结果表明，变压器本体的振动根源在于带材的磁致伸缩引起铁芯振动；带材的接缝处和片间存在的漏磁引起的电磁力导致铁芯振动；当绕组中有负载电流通过时，负载电流产生的电动力引起绕组和油箱的振动[5]。

　　1842 年 Joule 在铁磁晶体中发现了磁致伸缩现象，因此磁致伸缩现象又称为焦耳效应。但在其后的近一个世纪时间里，对磁性材料的磁致伸缩现象的研究和发展都相当缓慢。1931 年西屋电气公司的 George[6]开始对变压器噪声进行调查与理论研究，通过分析认为变压器噪声主要由于铁芯的磁致伸缩振动引起的，但是 Geoger 没有解释力产生的源头。直到 1940 年美国的 Allis-Chalmers 变压器制造公司的 Sealey[7]工程师第一次提出了变压器噪声主要来源于铁芯的磁致伸缩，在文中他还提出了变压器噪声的测量方法并提出了降低变压器噪声的设想，即降低磁性材料的磁致伸缩。这一设想激发了研发人员对变压器噪声产生机理和传播路径等问题的探索与研究。20 世纪 80 年代德国 Siemens 的 Foster 和 AG 公司的 Reiplinger 采用实验研究的方法，对 M_{5X} 硅钢片分别在温度为 780℃、820℃ 和 850℃ 的退火炉内退火 5min，然后按照同样的速率冷却。实验得到不同退火温度下的磁致伸缩与磁通密度的关系。退火温度为 780℃ 时，在磁化过程中，当硅钢片的磁致伸缩系数大于零时，硅钢片的磁致伸缩随磁通密度的升高而增加；当退火温度上升到 820℃ 时，磁致伸缩系数由零向负值增大，磁通密度为 1T 时，负值达到最大值，随着磁化的深入，逐渐由最大负值减小到零并最终增大到出现正值；当退火温度上升到 850℃ 时，磁致伸缩系数先增加到负的最大值后，在磁通密度为 1.35T 时，再由最大负值增大，但最终硅钢片饱和时其磁致伸缩系数也是负值。随着退火温度的增加，在变压器运行磁通密度范围内，相对磁致伸缩由正值逐渐变为负值[19]。

　　另外 Siemens 的 Foster 为验证应力对硅钢片磁致伸缩影响，将质量为 300g、半径为 5mm 的小球从距离样品硅钢片（该样品进行了 800℃ 和 5min 的退火处理，使硅钢片具有负的相对磁致伸缩率）20mm 高处自由落下，给样品施加机械应力冲击，得出经过处理的硅钢片在其直流励磁后的 $\varepsilon\text{-}B$ 关系曲线。随着冲击次数的增加，原来具有负值的磁致伸缩曲线出现正值，而当冲击次数增加到 5 次时（冲击点分布在样品的不同位置）曲线就全部位于横坐标上方，样品的磁致伸缩特性也完全改变[8]。实验结果表明，硅钢片磁致伸缩受到很多因素影响，这在一定程度上解释了为什么不同厂家同种规格硅钢片变压器噪声水平存在很大差别。

法国格勒诺布尔电工技术实验室的 Reyne 等学者进行了磁致伸缩的磁场力计算，从理论上求解了诱发磁性介质产生振动或变形的磁场力[9]。澳大利亚科技大学电磁实验室的 Weiser 揭示了变压器噪声的磁致伸缩与力的相互关系[10]。德国埃朗根纽伦堡大学的 Rausch 和 ABB 研发中心的 Anger 用有限元的方法进行了电磁环境下噪声的调查与预测[11]。西安交通大学的汲胜昌博士在变压器油箱外部监测了变压器空载状态下的振动特性，根据对振动信号的分析，判断变压器铁芯与线圈故障情况[12]。上海交通大学的顾晓安博士利用激光多普勒测振系统和声学测试系统对单相三柱式变压器铁芯在空载条件下不同位置处的振动和噪声参数进行测量，用实验验证了铁轭顶部左端、中间和右端处漏磁场较强，引起的振动较大，得出了振幅、噪声（声压级）与磁通密度的关系曲线[13]：在工作磁通密度范围内，磁通密度越大，振动幅值和噪声（声压级，SPL）越大。

上海第二工业大学的王志敏等学者将电磁场理论与弹性理论相结合，选取变压器单片硅钢片作为研究对象，建立了电力变压器铁芯振动的数学模型。基于理论和实验相结合思路，从能量守恒的角度出发，引入了弹性力学中的应变体积密度概念表征磁致伸缩现象引起的能量变化[14]。

2.1.2 非晶合金变压器可听噪声产生机理研究现状

近年来随着 AMDT 的大规模使用，人们逐渐从关注其低空载损耗特性转到关注其噪声特性。波兰科学院的 Jagielinski 首次研究非晶合金的成分对磁致伸缩的影响和磁场力引起的能量变化，发现现有非晶合金 FeSiB 中铁的含量越高，饱和磁致伸缩系数越大[15]，如图 2-2 所示。

美国 Metglas 公司的 Azuma 等人用非晶合金带材 2065SA1、2605HB1 和 M_3[16]制作了变压器模型。该研究测量出非晶合金的剩磁、矫顽力、单位励磁功率和声压级水平等重要参数。性能参数水平见表 2-1 和图 2-3。该研究表明非晶合金铁芯的磁通密度大于 1.5T 时，非晶合金的励磁功率和声压级噪声水平远远大于普通硅钢片模型。

日立金属的 Takahashi 采用新开发的铁基非晶合金带材 2605HB1M[17]制作的 AMDT 具有更方正的磁滞回线并且具有更低的激磁率（铁芯损耗 /cosφ），其中 φ 为一次线圈的励磁电流与二次线圈感应电压的相位移，并从实验验证了励磁功率的水平变化趋势与噪声水平的变化趋势是一致的，如图 2-4 所示。

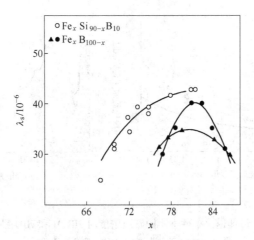

图 2-2　Fe 基非晶合金的含铁量与饱和磁致伸缩的关系

表 2-1　磁性材料的直流磁特性

材料名称	$B(80A/m)/T$	B_r/T	$H_c/A \cdot m^{-1}$
2605SA1	1.49	0.92	1.4
2605HB1	1.55	0.87	0.9
M_3	1.64	1.43	7.8

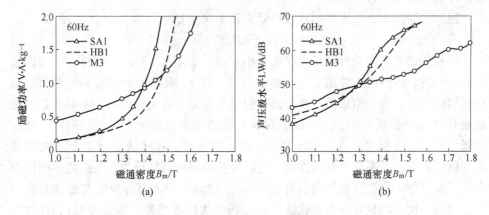

图 2-3　磁性材料励磁功率、声压级与磁通密度的关系曲线

(a) 单位励磁功率；(b) 声压级

　　近年来由于变压器铁芯叠积方式的改进（如采用阶梯接缝等），再加上心柱与铁轭都采用玻璃粘带绑扎，由铁芯接缝处与叠片之间的电磁吸引力引起的铁芯振动，比起铁芯带材的磁致伸缩引起的铁芯振动要小的多，因此可以忽略。

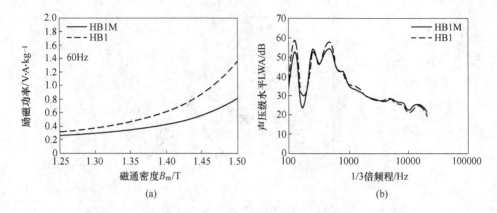

图 2-4　最佳退火条件下不同磁通密度时 HB1M 和 HB1 励磁功率
与 1.4T 时不同频率下的声压级关系曲线
（a）励磁功率；（b）声压级

　　磁性材料在有外界激励源时，材料的宏观长度与体积要发生微小的变化，这种现象称为磁致伸缩或磁致伸缩效应。磁致伸缩有三种表现，分别为横向、纵向和体积磁致伸缩。横向磁致伸缩是沿着外磁场方向尺寸的相对微小变化；纵向磁致伸缩是垂直于外磁场方向尺寸的相对微小变化；体积磁致伸缩是磁体体积的相对微小变化。一般分析中，因为体积磁致伸缩量很小，可以被忽略。本文关注的磁致伸缩是线性磁致伸缩。

　　磁致伸缩的大小通常采用磁致伸缩系数 λ 来衡量[18]：

$$\lambda = \Delta l / l \tag{2-1}$$

　　磁致伸缩的大小与外磁场强度的大小有关，如图 2-5 所示。材料在外加磁场达到饱和时，这时磁致伸缩为饱和磁致伸缩，以 λ_s 表示饱和磁致伸缩系数。在变压器设计中，饱和磁致伸缩系数是工程技术人员非常关注的一个重要参数。在区域 0~1 所加磁场很小，表明磁畴没有共同的方向，取决于材料的形成可能有少量常见的定位模式，它显示本身为一种永磁偏置；在区域 1~2 之间，磁致伸缩与磁场强度的关系几乎是线性的，此时容易预测材料的行为，因此很多磁性设备的正常工作都会选在此区域；在区域 2~3 之间，因大部分磁畴与磁场方向一致，磁场作用下的材料应力变化曲线与磁场再次成非线性；在点 3 及以后区域，因材料磁饱和的影响，阻止了应力的进一步增加。软磁材料的磁致伸缩行为在不同的应用条件下是很复杂的，因为在电磁装置设计、生产制造和运行过程中，设计工程师对磁化曲线区域的选择，生产工艺的多样化和运行中的电压变化以及谐波的干扰，都会影响和改变磁性材料的磁致伸缩行为，引起变压器本体的振动，从而改变电磁装置噪声。

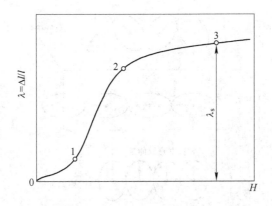

图 2-5 磁致伸缩 λ_s 与磁场强度 H 之间的关系

磁性材料的磁致伸缩系数 λ_s 各不相同，有些磁致伸缩系数 λ_s 大于零，有些磁致伸缩系数 λ_s 小于零。正磁致伸缩时，λ_s 大于零，如现在常用的铁基非晶合金带材的磁致伸缩属于这一类；负磁致伸缩时，λ_s 小于零，如镍基非晶合金带材的磁致伸缩是属于这一类。表 2-2 给出了现有非晶合金带材与普通硅钢磁性带材的磁致伸缩系数。从表 2-2 中可看出，非晶合金带材的磁致伸缩系数是普通硅钢的 2 倍还多。

表 2-2 变压器用非晶合金带材的磁致伸缩系数

参数	带材种类				
	2605SA1	2605HB1M	1K101	AYFA	M5（硅钢）
磁致伸缩系数 $\lambda_s / \times 10^{-6}$	27	27	27	27	13

铁磁材料中晶格的各向异性是磁致伸缩的主要来源。铁磁材料中原子或离子的自旋与轨道的耦合共同作用产生磁致伸缩。图 2-6 所示模型描述了磁致伸缩的产生机理。

图 2-6 中，圆点代表原子核，箭头代表原子磁矩，椭圆代表原子核外电子云。图 2-6（a）描述的是顺磁状态下原子排列状况（T_c 温度以上）；图 2-6（b）描述的是自发磁化过程（T_c 温度以下），原子磁矩呈定向排列，出现自发磁致伸缩，磁致伸缩量为 $\Delta L'/L'$；图 2-6（c）中，当施加垂直方向磁场后，原子矩和电子云旋转 90° 取向排列，磁致伸缩量为 $\Delta L/L$。

除了以上提到的磁致伸缩引起铁芯振动外，固定硅钢铁芯与绕组结构件的松动也是导致其产生振动和噪声的因素之一。西班牙的 García[19] 通过建立绕组计算模型，采用振动实验方法验证了计算模型，在验证过程中指出变压器运行温度

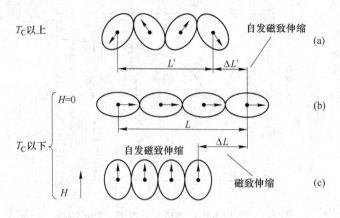

图 2-6　磁致伸缩机理

对振动的影响也应考虑。随后上海交通大学的邵宇鹰博士[20]从理论上阐释了大型变压器绕组的预紧力与绕组振动之间的关系，通过有限元计算模型与实验发现，振动幅值随绕组预紧力的增加而降低，但是在较低频率的电动力激励下，绕组预紧力减少时，振动幅值是增加的。上海交通大学的谢坡岸博士[21]采用有限元方法对不同预紧力下变压器短路时的线圈振动进行了计算，通过副边短路实验对计算结果进行了验证与估算，成功实现了通过对油箱振动测试来预测绕组的预紧力。

尽管国内外学者对 AMDT 可听噪声产生机理进行了不少研究，如采用 AMDT 模型研究非晶合金带材的主要成分和磁性能参数对非晶合金变压器振动与噪声影响，发现非晶合金铁芯的磁致伸缩是其可听噪声的主要激励源；采用模态分析方法提出变压器在谐波下的"共振"是导致可听噪声显著增大的原因，采用有限元计算方法估算变压器可听噪声。然而对 AMDT 可听噪声产生机理缺乏系统研究，还存在许多问题需要解决。在磁性能参数分析中模型过于简单，未能考虑真实 AMDT 结构的影响。如 AMDT 的铁芯与夹件组合后是如何振动的，也未给出 AMDT 油箱外表面的振动分布，而非晶合金变压器器身的振动是 AMDT 可听噪声产生机理中的重要一环。

2.1.3　变压器铁芯磁致伸缩效应研究现状

以法拉第电磁感应定律为基础，研究者们推导出铁芯磁致伸缩振动加速度的计算式[22~25]，过程如下：

$$U_0\sin\omega t = - N_1 A \frac{\mathrm{d}B}{\mathrm{d}t} \tag{2-2}$$

式中，B 为磁通密度，T；N_1 为感应线圈匝数；A 为铁芯截面积，cm^2。

计算得：

$$B = \frac{U_0}{N_1 A \omega} \cos \omega t = B_0 \cos \omega t \qquad (2\text{-}3)$$

式中，

$$B_0 = \frac{U_0}{N_1 A \omega} \leqslant B_s \qquad (2\text{-}4)$$

式中，B_s 为材料的饱和磁通密度，T。

故磁场强度 H 计算为：

$$H = \frac{B}{\mu} = \frac{B}{B_s} H_c = \frac{B_0}{B_s} H_c \cos \omega t \qquad (2\text{-}5)$$

式中，μ 为铁芯磁导率，H/m；H_c 为材料矫顽力，A/m。

在磁场作用下，线性磁致伸缩变化为：

$$\frac{1}{L} \frac{\mathrm{d}L}{\mathrm{d}H} = \frac{2\lambda_s}{H_c^2} |H|, \quad H \leqslant H_c \qquad (2\text{-}6)$$

式中，λ_s 为磁致伸缩系数；L 为材料长度，m。

将式 (2-4) 带入式 (2-6)，求解得到磁致伸缩变化量为：

$$\lambda = \frac{2\lambda_s}{H_c^2} \int_0^H |H| \mathrm{d}H = \frac{\lambda_s B_0^2}{B^2} \cos^2 \omega t = \frac{\lambda_s U_0^2}{N_1 A \omega B_s} \cos^2 \omega t, \quad B_0 \leqslant B_s \qquad (2\text{-}7)$$

则铁芯振动加速度 a_c 推导为：

$$a_c = \frac{v}{t} = \frac{\mathrm{d}^2(\Delta L)}{\mathrm{d}t^2} = -\frac{2\lambda_s L U_0^2}{(N_1 A \omega B_s)^2} \cos 2\omega t \qquad (2\text{-}8)$$

式中，$\omega = 2\pi f$ 为角频率，rad/s；f 为电源频率，Hz。

由式 (2-8) 中可知，铁芯振动加速度与材料磁致伸缩系数和施加电压的二次方呈正相关。

由于磁致伸缩效应比较复杂，材料成分、磁化方向等因素都会改变其大小，而且铁芯受到的非线性拉伸应力也不能忽视，因此铁芯磁致伸缩效应不能单独考虑电磁效应，而应将电磁-机械-结构场进行耦合分析，得出的物理模型才更贴合实际。国内外学者提出的数学模型主要有如下几种。

2.1.3.1 正弦交变电磁场铁芯振动数学模型[26,27]

由于变压器中低频交流线圈磁场属于静态场，融合电磁和弹性力学理论，根据能量守恒定律，可建立用于解出最大静态形变量的静态场数学模型：

$$D_0 \left(\frac{\partial^4 v}{\partial x^4} + 2 \frac{\partial^4 v}{\partial x^2 \partial y^2} + \frac{\partial^4 v}{\partial y^4} \right) = \frac{1}{\omega^2} \iint -\frac{\mu H^2}{2} \mathrm{d}x \mathrm{d}y \qquad (2\text{-}9)$$

在式 (2-9) 的基础上，根据施加的正弦交变磁场，可改进为：

$$D_0\left(\frac{\partial^4 v}{\partial x^4} + 2\frac{\partial^4 v}{\partial x^2 \partial y^2} + \frac{\partial^4 v}{\partial y^4}\right) = \frac{\sin^2 \omega t}{\omega^2}\iint -\frac{\mu H^2}{2}\mathrm{d}x\mathrm{d}y \tag{2-10}$$

该方程可为定性和定量分析变压器铁芯振动提供理论基础，同时还可应用于分析涡流引起的电磁装置的振动。

2.1.3.2 强磁-应力耦合下数学模型[28~31]

磁场与应力场耦合下磁致伸缩效应宏观数学方程为：

$$\varepsilon_H = \sigma/E_\sigma + \mathrm{d}H$$
$$B_\sigma = \mu_\sigma H + \mathrm{d}\sigma \tag{2-11}$$

式中，ε_H 为铁芯在磁场强度为 H 下的应变；σ 为应力；E_σ 为杨氏模量；B_σ 为磁感应强度；μ_σ 为应力下的磁导率。

考虑应力和磁致伸缩影响，式（2-12）可简化为：

$$\varepsilon_i = \sigma_i^{\mathrm{ms}}/E_\sigma, \quad i = x, \; y$$
$$B_i = \mu_\sigma/E_\sigma \tag{2-12}$$

式中，σ_i^{ms} 为引入磁致伸缩效应的应力。

利用能量变分原理，建立磁场-应力场耦合作用下的数学模型，如式（2-13）所示，该模型中引入了磁致伸缩效应。

$$\begin{pmatrix} \boldsymbol{M} & \boldsymbol{D} \\ \boldsymbol{C} & \boldsymbol{K} \end{pmatrix}\begin{pmatrix} A \\ \mu \end{pmatrix} = \begin{pmatrix} J \\ f_V + f_\Gamma \end{pmatrix} \tag{2-13}$$

式中，矩阵 $\boldsymbol{M}$ 为磁弹性系数矩阵；$\boldsymbol{K}$ 为机械弹性系数矩阵；$\boldsymbol{C}$ 为磁场对铁芯振动的贡献矩阵；$\boldsymbol{D}$ 为机械振动对磁场分布的影响矩阵，满足条件 $\boldsymbol{C} = \boldsymbol{D}^{\mathrm{T}}$。

2.1.3.3 磁致伸缩-热应力比拟模型[32]

该模型的核心思想为将铁芯磁致伸缩效应与材料热胀冷缩效应进行类比分析，建立等效后磁致伸缩方程，计算得到不同时刻铁芯各个节点的磁致伸缩力，如式（2-14）所示：

$$\begin{cases} \varepsilon_x = \dfrac{1}{E}[\sigma_x - \mu(\sigma_y + \sigma_z)] + \lambda H \\[2mm] \varepsilon_y = \dfrac{1}{E}[\sigma_y - \mu(\sigma_x + \sigma_z)] + \lambda H \\[2mm] \varepsilon_z = \dfrac{1}{E}[\sigma_z - \mu(\sigma_x + \sigma_y)] + \lambda H \\[2mm] \gamma_{xy} = \dfrac{2(1+\mu)}{E}\tau_{xy} \\[2mm] \gamma_{yz} = \dfrac{2(1+\mu)}{E}\tau_{yz} \\[2mm] \gamma_{zx} = \dfrac{2(1+\mu)}{E}\tau_{zx} \end{cases} \tag{2-14}$$

式中，x、y、z 方向分别代表沿着磁场方向、垂直磁场方向和铁芯材料轧制方向；σ_x、σ_y、σ_z 为正应力分量；τ_x、τ_y、τ_z 为剪应力分量；ε_x、ε_x、ε_x 为正应变分量；γ_{xy}、γ_{yz}、γ_{zx} 为剪应变分量；μ 为泊松比；E 为弹性模量；λ 为磁致伸缩率；H 为磁场密度。

此外，铁芯的磁致伸缩率在不同励磁方向上的计算存在差别，可通过比拟法给出磁致伸缩率在磁化方向与轧制方向平行和垂直时的计算公式，如式（2-15）所示：

$$\lambda_p = 0.851B^3 - 1.505B^2 + 0.847B$$
$$\lambda_c = 0.388B^3 - 0.289B^2 + 1.009B \tag{2-15}$$

式中，λ_p 和 λ_c 分别为磁化方向与轧制方向平行和垂直的磁致伸缩率。

2.1.3.4 基于热力学的磁致伸缩效应模型[33]

不考虑温度下的热力学的关系如式（2-16）所示：

$$\varepsilon = -\frac{\partial G}{\partial \sigma},\ \mu_0 H = \frac{\partial G}{\partial M} \tag{2-16}$$

以式（2-16）为基础，将 Gibbs 自由能在自然状态 $(\sigma, M) = (0, 0)$ 下进行泰勒级数展开，将相关实验结果和拟合曲线公式带入，得到简化后的铁磁材料非线性磁耦合模型：

$$\begin{cases} \varepsilon = -\dfrac{\partial^2 G}{\partial \sigma^2}\sigma - \dfrac{1}{2}\dfrac{\partial^3 G}{\partial \sigma^3}\sigma^2 - \dfrac{1}{3!}\dfrac{\partial^4 G}{\partial \sigma^4}\sigma^3 - \cdots - \\ \left(\dfrac{1}{2}\dfrac{\partial^3 G}{\partial \sigma \partial M^2} + \dfrac{1}{2}\dfrac{\partial^4 G}{\partial \sigma^2 \partial M^2}\sigma + \cdots \right)M^2 - \\ \dfrac{1}{4!}\left(\dfrac{\partial^5 G}{\partial \sigma \partial M^4} + \dfrac{\partial^6 G}{\partial \sigma^2 \partial M^4}\sigma + \cdots \right)M^4 \\ \mu_0 H = \dfrac{\partial^2 G}{\partial M^2}M + \dfrac{1}{3!}\dfrac{\partial^4 G}{\partial M^4}M^3 + \dfrac{1}{5!}\dfrac{\partial^6 G}{\partial \sigma^6}M^5 + \cdots + \\ \left(\dfrac{\partial^3 G}{\partial \sigma \partial M^2}\sigma + \dfrac{1}{2}\dfrac{\partial^4 G}{\partial \sigma^2 \partial M^2}\sigma^2 + \cdots \right)M + \\ \left(\dfrac{1}{6}\dfrac{\partial^5 G}{\partial \sigma \partial M^4}\sigma + \dfrac{1}{12}\dfrac{\partial^6 G}{\partial \sigma^2 \partial M^4}\sigma^2 + \cdots \right)M^3 \end{cases} \tag{2-17}$$

式中，G 为单位体积 Gibbs 自由能；M 为磁化强度；σ 为预应力；ε 为应变量；μ_0 为真空磁导率，$4\pi \times 10^{-7}\mathrm{H/m}$。

磁致伸缩效应的数学模型建立和数值计算涉及材料学、电磁学和力学等多学科领域，是一个多层次、综合性的问题，世界各地的学者从不同的角度和理论对其进行深入的研究，建立了不同种类的模型，但尚未得到一个统一有效的结论，该方向仍需不断探索。

2.2　非晶合金变压器可听噪声抑制方法研究现状

我们的周围是一个充满声音的世界。声音来源于物体的振动。声音有次声、可听见声和超声。音频低于 20Hz 的次声不能被听见；人耳可听见 20Hz～20kHz 之间的可听见声；音频高于 20kHz 的超声是人耳听不见的，但是客观存在。当物体发生振动时，固体、液体和气体能发生相应的振动，由近向远以波的形式传播，声波是弹性波。科学技术促进了社会生产力的发展，但是也产生了许多环境污染，噪声就是其中之一。当今社会，噪声严重干扰人们的生活和工作，噪声问题正在逐渐受到人们关注和重视。特别是在人口密度大的城市，电力设备产生的电磁噪声是当今环境保护的话题之一。

电力设备常因噪声过大扰民被居民投诉，特别是近居民区变电站中变压器产生的扰民噪声已成为居民重点投诉对象。因此需研究变压器的噪声产生原因，采用必要的方法和措施降低变电设备的噪声[34]。

2.2.1　传统可听噪声抑制方法

目前在电力设备中的噪声控制措施有隔声、隔振与阻尼、吸声与消声技术和有源噪声控制（也称为主动控制技术）[35]。

2.2.1.1　隔声与阻尼技术[36~40]

在声学技术上，隔声是用砖、钢材、混泥土等密实材料把发声体与周围环境隔绝起来。隔声构件的面积密度越大，其性能越好，隔声效果越好。电力设备中变压器的油箱除了储油和散热功能外，它还能作为隔声壁起到隔声的效果。隔声原理图如 2-7 所示。

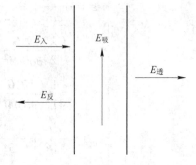

图 2-7　隔声原理示意图

当同一方向的声波无规则地入射到油箱内表面时，可用式（2-18）表示传声损失：

$$TL = TL_0 - 10\lg(0.23TL_0) \tag{2-18}$$

式中，TL_0 为入射角 $\theta = 0$ 时的传声损失，$10\lg[1 + (\pi mf/c)]$；m 为箱壁单位面积质量，kg/m^2；f 为声波频率，Hz；c 为钢板传声速度，m/s。

但由于油流与散热器安装结构的需要，在油箱壁上开了许多孔或洞，这样人为造成了油箱的漏声。从式（2-18）中可看出，增加箱壁的厚度及加强筋数量可以提高油箱刚性，从而降低油箱壁的振动幅度，另外加强筋形状和最佳焊接位置的选择也影响油箱刚性的提高。如果箱壁的厚度加倍，则实际隔声量可能增加4dB（A）；如果增加箱壁厚度和加强筋个数，对降低油箱壁的振动噪声也是十分有效，但是会增加变压器重量和制造成本。在变压器油箱设计与制造时，应避开本体自振频率和谐波频率的共振点。如果它们的频率相同或相近，会发生共振现象，隔声效果将打折扣，有时还会加强本体的噪声水平。

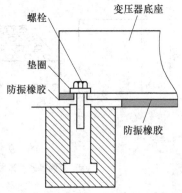

图 2-8　防振螺栓与减振垫安装结构示意图

根据隔断变压器的振动传播路径的设想，在变压器本体与散热器连接处安装防振耐油硅橡胶垫或不锈钢制成的波纹管，可使自冷式变压器的噪声降低 10~20dB（A）[41]。从变压器本体振动传播路径来看，变压器本体噪声最终要传到油箱表面，需由本体底部和连接紧固件等附件传递。如果把减振垫放在本体的底脚与油箱之间、油箱与变压器安装基础之间、引线连接母排与固定结构件之间（图 2-8），就可使原来的刚性连接变为弹性连接，增加阻尼，达到减小振动和降低噪声的目的。

另外在大型的电力设备中，也经常采用声屏蔽技术手段[42]将电力设备包裹起来，达到屏蔽其可听噪声以阻止其向外传播的目的。声屏技术应用于高压设备不仅需要增加额外的空间来保证带电设备的足够绝缘距离，而且会造成高压电力设备的散热不畅，缩短设备使用寿命，不利于电网安全运行。

2.2.1.2　吸声与消声

声波通过媒质入射到媒质分界面上时声能的减少过程，称为吸声或声吸过程。现有多孔纤维吸声材料及其组成的吸声结构的吸收原理为：材料的黏滞性或摩擦力让进入其内的声波与材料和材料内的空气不断摩擦和碰撞，产生相互作用的黏滞力或内摩擦力，由于质点相对运动的阻碍作用，声能转化为热能。另外还有部分传导效应，由于声波在媒质中传播时，媒质内部存在温度差，相邻质点之间由于存在温度差会发生热量传递，该过程能促进声能与热能的转化。材料内部的两种吸声作用主要由黏滞性引起，也有一部分由传导作用引起[43~46]。

吸声材料或结构种类很多，主要有多孔吸声材料和共振吸声结构。多孔吸声材料通常由纤维状、颗粒状和泡沫状材料组成；这类材料一方面由于本身编织孔的黏滞作用比较大，声阻较大，故能够对进入材料的声波进行有效吸收；另一方面固体材料内声速较流体慢，且密度大于流体密度，故其声阻率比在空气中更接近于 1，这使得声波几乎能完全进入多孔材料而被吸收。共振吸声结构主要有穿孔板、微缝吸声结构和微穿孔板（micro-perforated panel，MPP）等结构[47~61]，它们都是基于 Helmholtz 共鸣器的共振吸声原理设计的。吸声结构如图 2-9 所示，共振吸声结构适用于中低频噪声的吸收，特别适合已知振动规律的电力设备的声波能量吸收，该种结构吸声频率带宽较窄，为了增加吸声结构的带宽，通常由多个单空腔或不同种类的空腔结构组合使用。

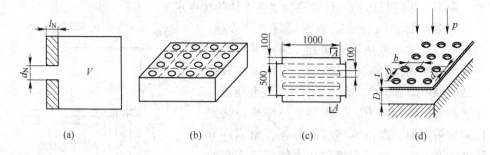

图 2-9　共振吸声类常用吸声结构
（a）亥姆霍兹共振腔；（b）穿孔板；（c）微缝板；（d）MPP

　　影响穿孔板结构吸声特性的主要参数有板厚、孔径、穿孔率和板后空气腔的深度。对于低频噪声，采用吸声材料降噪效果不是很理想。因此降低低频噪声，往往采用共振吸声结构。但穿孔板很少在液体环境中使用，若将它们用在电力设备内部作为可听噪声抑制措施，需克服电场畸变、内部的洁净程度、材料的相溶性及液体的温度对微孔板的热胀冷缩的影响等因素。

　　在噪声实验室等特殊情况下，为了能获得极高的吸声系数，有时采用吸声尖劈。它是一种楔形吸声结构，在金属网架内填充了多孔吸声材料。如图 2-10 所示，当吸声尖劈的高度 h 设计成所需吸声波的频率波长的一半左右时，吸声系数可达 0.98，几乎能将入射声能全部吸收。

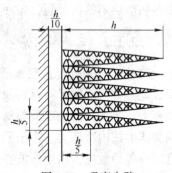

图 2-10　吸声尖劈

2.2.1.3　主动控声技术

　　主动控声技术也称有源噪声控制技术，在 1933 年和 1936 年，物理学家 Paul Leug 分别向德国和美国的专利局提出了名称为"消除声音振荡的过程"（Process of Silencing Sound Oscillations）的发明专利申请。在这项发明专利申请中，Leug 设想用一列振动方向与原信号方向相反的波与原信号相互叠加，从而使振动能量得到减弱；若振动方向与原信号方向相同，能使振动能量得到增强[62,63]。Leug 专利的原理如图 2-11 所示。

　　从图 2-11 中可知，要让该装置发挥作用，需准确计算声波传播时从声源传

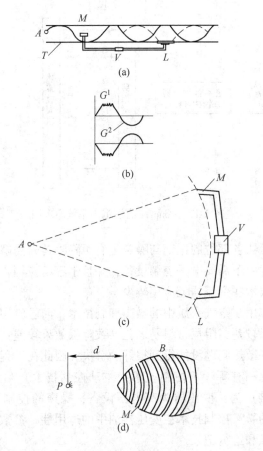

图 2-11 Leug 专利原理图
(a) 波导管；(b) 声波及其镜像；(c) 传声器和扬声器；(d) 噪声源和反声源

播到扬声器位置所需的时延，测量与控制电子线路应有良好的相频和幅频特性。但在 20 世纪 30 年代电子技术水平难以满足技术要求，因此 Leug 提出设想后，在 20 年内学术界无任何响应。1956 年通用电气公司的 Conover[64] 尝试利用有源消声方法控制变压器的辐射噪声（图 2-12），对一台 15MV·A 变压器进行降噪，由数只扬声器靠近变压器表面控制变压器的辐射噪声。实验结果表明，在变压器正面，可以获得 10dB 左右降噪量，而在极角 30° 以后，噪声反而加强了。由于这个原因，该方案在 1956 年被放弃，取而代之的是无源噪声控制方法。

众所周知，变压器的噪声为周期性的中低频噪声，因此采用有源噪声控制技术非常有利。20 世纪 80 年代，有源噪声控制技术主要在变压器中应用，降噪技术是通过手动调节控制器的幅值与相位实现的[65,66]。对于噪声辐射表面较大的大型电力变压器，要有效实现有源控制降噪技术，控制系统通常应采用多通道技

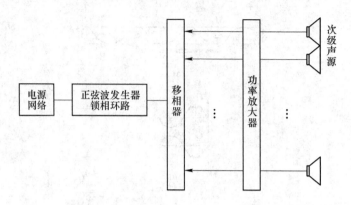

图 2-12　Conover 有源消声系统原理图

术。准确预测变压器各部位的振动与噪声是有源降噪首先需解决的问题[67]。

有源降噪技术由于需要电子控制设备，并且不容易应用在大范围区域，因此传统的有源降噪技术在变压器上应用较少。

以上为广泛应用在空气介质中的噪声抑制技术，而已应用于变压器的隔声与阻尼技术定位效果较差，阻尼材料易老化导致降噪效果较差；另外声屏技术因占地及影响电力设备散热问题没能得到很好的解决，因此在工程应用中采用的并不多。而共振器技术和有源噪声控制技术（主动控制技术）目前在变压器中并未推广应用，主要难点为：变压器为高电压设备，噪声的控制不能影响其工作环境；空气中应用的噪声控制技术在变压器油中的适用性、参数设定、性能等方面都没有相关的文献和运行记录。

2.2.2　普通硅钢片变压器可听噪声抑制方法研究现状

对于 CSDT，国内外的研究结果表明，不但要降低变压器本体的噪声，还要降低冷却风机（对风冷变压器适用）等附件的噪声。因此若要降低变压器的运行噪声，应从这两方面考虑并采取相应的措施[68~79]。

2.2.2.1　选择合适的工作磁通密度

根据变压器铁芯振动产生机理，当铁芯的工作磁通密度增大时，铁芯的励磁功率越大，铁芯的磁致伸缩越大，造成铁芯振动幅值越大。变压器的工作磁通密度完全取决于损耗要求。在保证总磁通量不变的情况下，降低磁通密度，铁芯的横截面积将增加，铁芯截面增加将使铁芯的用量和导体材料的消耗量变大，变压器主要材料的增加将使其生产制造成本增加。铁芯截面的增加也会增加变压器噪声辐射面积，变压器的声功率级噪声水平也将增加。因此只采取增大变压器铁芯截面的方法来获取低噪声变压器是不太适用的，也不经济。

2.2.2.2 采用高导磁优质硅钢片

根据变压器铁芯振动产生机理，磁致伸缩是变压器产生振动噪声的主要原因，因此采用高导磁 H_i-B 取向硅钢片能降低变压器的噪声。因为该种材料的晶粒取向完整、绝缘涂层较均匀并且抗张性较好。与普通硅钢材料相比，该种材料具有较低的磁致伸缩，在相同的磁通密度下，采用该种材料制造的变压器噪声水平可下降 3~4dB(A)。20 世纪 80 年代初，日本新日铁公司开发出了一种牌号为 ZDKH 经过激光照射处理后的超低损耗高导磁硅钢片，该硅钢片具有更低的磁致伸缩系数[80]。

2.2.2.3 采用合理的铁芯结构

合理的变压器结构设计也能改善变压器的噪声。如变压器铁芯尺寸 d、h、b（图 2-13）存在以下比例关系：

$$K_{pc} = \frac{0.96 \times 3d(5d + h + 2b)}{(h + b)(3h + 6d + 4b)} \tag{2-19}$$

式中，d 为心柱和铁轭的直径，cm；h 为铁芯窗口的高度，cm；b 为铁芯窗口的宽度，cm。

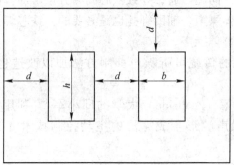

图 2-13　铁芯尺寸示意图

实践表明，比例系数 K_{pc} 越小，变压器的噪声也越小，如图 2-14 所示。另外除变压器尺寸的最佳比例外，因变压器的表面积较大和连接点较多，变压器的振动是由许多具有固有自振频率的振动系统组成，因此在变压器设计时应避开变压器的自振频率区，这样可以有效防止谐振而使铁芯噪声骤增。另外，对于叠铁芯变压器改善转角处的磁通密度分布也能降低铁芯的噪声。尽量减小搭接面的面积，减小转角处磁通经过非轧制方向的区域，也可降低变压器的噪声。

2.2.2.4 改善装配工艺

采用先进厂家生产的横纵剪线和一比多的剪切工具，改进铁芯叠积操作工

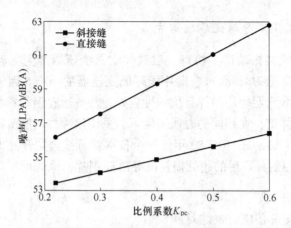

图 2-14　最佳比例系数与噪声的关系

艺，尽量采用不叠上铁轭方案，采用自动铁芯翻转工装，可在操作过程中，减少外力对铁磁材料的影响；采用扭矩扳手控制铁芯的夹紧力，因为夹紧力过大或过小都会造成变压器铁芯振动增加。铁芯竖立后，应在铁芯柱上涂环氧胶或聚酯胶将铁芯固化，铁芯固化后可避免其自重使铁芯弯曲而影响其振动，另外若铁芯柱变形后，将加大铁芯横向漏磁通，导致铁芯高频分量增加，使铁芯片之间的振动加剧，增加变压器整体噪声。辅助绑扎也是必要的，铁芯绑带的紧固力和位置要适宜，从而减小铁芯整体噪声。

另外将上面提到的传统可听噪声抑制方法加以改造也能用于变压器噪声控制。

澳大利亚阿德莱德（Adelaide）大学的邱小军[80]利用反馈控制工作机理，探讨了针对变压器噪声波形合成算法的主动控制技术（有源噪声控制技术，ANC）。

2.2.3　非晶合金变压器可听噪声抑制方法研究现状

非晶合金带材对应力非常敏感，铁芯不能受力，因此 AMDT 不能像普通硅钢片一样以铁芯为骨架，非晶铁芯整体悬挂在线圈上，铁芯无法压紧，这会使本来磁致伸缩就大的非晶合金铁芯振动更大[81]。目前国内外对 AMDT 的噪声抑制方法鲜有报道。AMDT 的可听噪声抑制可参考 CSDT 的噪声治理措施，但因为 AMDT 结构的特殊性，AMDT 噪声治理还有不同于 CSDT 的一些措施。

2.2.3.1　改变非晶合金材料的组分

1981 年波兰的 Jagielinski 通过改变 FeSiB 非晶合金中铁的含量来改善非晶合金铁芯的磁致伸缩与磁弹性。1984 年日本的 Shirae[82]分别制成铁基、镍基、钴基非晶合金，通过对 3 种非晶合金样品进行测试，得出钴基非晶合金的噪声较小。Azuma[83] 根据最近开发的高饱和磁通密度 B_s 材料 2605HB$_1$，对于剩余应力和内部层状涡流损耗对损耗的影响是否增加，在圆环形铁芯中进行了实测验证，得出该种高饱和磁通密度的非晶合金铁芯制作的模型具有更低的噪声水平。随后国内外对应用于变压器中的非晶合金材料研究一直处于活跃状态。

2.2.3.2 改进非晶合金铁芯与非晶合金变压器的装配结构

置信电气的虞兴邦[84] 等人根据非晶合金铁芯结构与噪声传播路径提出了 AMDT 的噪声治理措施。上海交通大学的何洪军等人对一台 AMDT 进行了振动分析，并对降低噪声的治理提出了一些指导方法。中国台湾的张叶华（音译）[85~87] 等人采用新的铁芯搭接方式，通过改善非晶合金铁芯搭接气隙的分布，大大降低了 AMDT 的励磁功率和噪声水平；另外他们还通过改善非晶合金铁芯的转角弯曲结构来改善非晶合金的振动特性，得出圆角非晶合金铁芯因为所受应力较小，因此非晶合金铁芯的噪声水平较低，但此方案在实施时会人为造成铁芯的空间利用率较差，会增加变压器的生产制造成本，工程实用性差。

2.2.3.3 改进非晶合金铁芯的加工与装配工艺

通过采用合理退火工艺，消除非晶合金铁芯内应力，也能达到改善非晶合金铁芯的励磁功率与噪声水平的目的；改善非晶合金铁芯的装配工艺也能降低 AMDT 的噪声[88~93]。

总之，对于单台 AMDT 内部降噪，国内外还没有成熟有效的技术。国内大多数文献给出的 AMDT 的降噪建议都是根据经验提出的，实用性较差。传统可听噪声抑制方法在 AMDT 中的应用也面临很多困难和挑战。基于以上变压器可听噪声抑制方法的分析，本书认为低噪声 AMDT 的研究不仅有重要的工程应用价值，还可以填补该研究领域的空白。

2.3 本章小结

非晶合金带材磁致伸缩效应比硅钢片更大，且对应力非常敏感，铁芯不能承受过大应力，因此 AMDT 铁芯无法压紧，导致非晶合金铁芯振动更大。本章首先从非晶合金变压器的噪声来源、传递途径介绍其噪声机理，分析了硅钢片变压器以及非晶合金变压器可听噪声产生机理的研究现状，总结了几种磁致伸缩效应数学模型；然后从隔声、隔振与阻尼、吸声与消声技术和有源噪声控制角度介绍了常见的降噪措施，分别阐述了适用于普通硅钢片变压器和非晶合金变压器的可听噪声抑制方法，并进行对比分析。

参 考 文 献

［1］ 谭闻, 张小武. 电力变压器噪声研究与控制 ［J］. 高压电器, 2009, 45 （2）: 70~72.

［2］ Weiser B, Pfutzner H. Relevance of Magnetostriction and Forces for the Generation of Audible Noise of Transformer Cores ［J］. IEEE Transactions on Magnetics, 2000, 36 （5）: 3759~3777.

［3］ 朱叶叶, 汲胜昌, 张凡, 等. 电力变压器振动产生机理及影响因素研究 ［J］. 西安交通大学学报, 2015, 6: 115~125.

［4］ 魏亚军. 变压器噪声的治理技术研究 ［D］. 武汉, 华中科技大学, 2014.

［5］ 董志刚. 变压器的噪声 （2） ［J］. 变压器, 1995, 32 （11）: 27~31.

［6］ George R B. Power transformer noise-its characteristics and reduction ［J］. Transactions of the American Institute of Electrical Engineers, 1931, 50 （1）: 347~352.

［7］ Sealey W C. The audio noise of transformer ［J］. Electriccal Engineering, 1941, 60 （3）: 109~111.

［8］ Foster L, Reiplinger E. Characteristics and control of transformer sound ［J］. IEEE Transactions on Power Apparatus and Systems, 1981, 100 （3）: 1072~1077.

［9］ Reyne G, Sabonnadikre J C, Coulomb J L, et al. A survey of the main aspects of magnetic materials under magnetization ［J］. IEEE Transactions on Magnetics, 1987, 23 （5）: 3765~3767.

［10］ Weiser B, Pfutzner H, Anger J. Relevance of magnetostriction and forces for the generation of audible noise of transformer cores ［J］. IEEE Transactions on Magnetics, 2000, 36 （5）: 3759~3777.

［11］ Rausch M, Kaltenbacher M, Landes H, et al. Combination of finite and boundary element methods in investigation and predication of load-controlled noise of power transformer ［J］. Journal of Sound and Vibration, 2002, 250 （2）: 323~338.

［12］ 汲胜昌, 何义, 李彦明, 等. 电力变压器空载状况下的振动特性研究 ［J］. 高电压技术, 2001, 27 （5）: 47~48.

［13］ 顾晓安, 沈密群, 朱振江, 等. 变压器铁心振动和噪声特性的试验研究 ［J］. 变压器, 2003, 40 （4）: 1~4.

［14］ 王志敏, 顾文业, 顾晓安, 等. 大型电力变压器铁心电磁振动模型 ［J］. 变压器, 2004, 41 （6）: 1~5.

［15］ Jagielinski T. Magnetostriction and magnetoelastic effects in certain amorphous alloys ［J］. IEEE Transactions on Magnetics, 1981, 17 （6）: 2825~2830.

［16］ Azuma D, Hasegawa R. Audible noise from amorphous metal and silicon steel-based transformer core ［J］. IEEE Transactions on Magnetics, 2008, 44 （11）: 4104~4106.

［17］ Takahashi K, Azuma D, Hasegawa R. Acoustic and soft magnetic properties in amorphous alloy-based distribution transformer cores ［J］. IEEE Transactions on Magnetics, 2013, 49 （7）: 4001~4004.

［18］ 严密, 彭晓领. 磁学基础与磁性材料 ［M］. 浙江: 浙江大学出版社, 2013.

［19］ García B, Burgos J C, Alonso Á M. Transformer tank vibration modeling as a method of detecting winding deformations-part Ⅱ: experimental verification [J]. IEEE Transactions on Power Delivery, 2006, 21 (1): 164~169.

[20] 邵宇鹰. 大型变压器绕组振动特性理论与试验研究 [D]. 上海: 上海交通大学, 2006.

[21] 谢坡岸. 振动分析法在电力变压器绕组状态监测中的应用研究 [D]. 上海: 上海交通大学, 2008.

[22] Thomas T, Helmut P, Markus R, et al. Magnetostriction of Electrical Steel and Its Relation to the No-Load Noise of Power Transformer [J]. IEEE Transactions on Industry Application, 2018, 54 (5): 4306~4314.

[23] Hilgert T, Vandevelde L, Melkebeek J. Comparison of Magnetostriction Models for Use in Calculations of Vibrations in Magnetic Cores [J]. IEEE Transactions on Magnetics, 2008, 44 (6): 874-877.

[24] Weiser M. Magnetostrictive Offset and Noise in Flux Gate Magnetometers [J]. IEEE Transactions on Magnetics, 1969, 5 (2): 98-105.

[25] Du B X, Liu D S. Dynamic Behavior of Magnetostriction-Induced Vibration and Noise of Amorphous Alloy Cores [J]. IEEE Transactions on Magnetics, 2015, 51 (4): 7208708.

[26] 顾晓安, 沈荣瀛, 沈密群, 等. 磁性材料在正弦电磁场中振动的数学模型 [J]. 上海交通大学学报, 2004, 38 (2): 308-311.

[27] 王志敏, 顾文业, 顾晓安, 等. 大型电力变压器铁心电磁振动数学模型 [J]. 变压器, 2004, 41 (6): 1-6.

[28] 祝丽花, 杨庆新, 闫荣格, 等. 电力变压器铁心磁致伸缩力的数值计算 [J]. 变压器, 2012, 49 (6): 9-13.

[29] Zhu L H, Yang Q X, Yang R G. Numerical Analysis of Vibration Due to Magnetostriction of Three Phase Transformer Core [C]. The Sixth International Conference on Electromagnetic Field Problems and Applications, Dalian, China, June 19~21, 2012.

[30] 祝丽花, 杨庆新, 闫荣格, 等. 考虑磁致伸缩效应电力变压器振动噪声的研究 [J]. 电工技术学报, 2013, 28 (4): 1~6.

[31] 祝丽花. 叠片铁心磁致伸缩效应对变压器-交流电机的振动噪声影响 [D]. 天津: 河北工业大学, 2013.

[32] 韩芳旭, 李岩, 井永腾, 等. 超高压变压器铁心硅钢片磁致伸缩力数值计算 [J]. 高电压技术, 2017, 43 (3): 980~986.

[33] 韩芳旭. 基于流固耦合方法的电力变压器电磁振动与噪声问题研究 [D]. 沈阳: 沈阳工业大学, 2016.

[34] 周贤土. 中小型变压器噪声 (上) [J]. 变压器, 2006, 43 (11): 1~9.

[35] 陈秀娟. 噪声控制技术讲座, 第四讲隔声技术 [J]. 环境工程, 1984, 7 (4): 57~60.

[36] Fei H Z, Zheng G T, Liu Z G. An investigation into active vibration isolation based on predictive control part Ⅰ: energy source control, Journal of Sound and Vibration [J]. 2006, 296 (2): 195~208.

[37] Thomson W T, Dahleh M D. Theory of vibration with application [M]. 5th ed. New Jersey:

Pearson Education, 1998.

[38] 杜功焕. 声学基础 [M]. 3 版. 南京：南京大学出版社，2012.

[39] 贺启环. 环境噪声控制工程 [M]. 北京：清华大学出版社，2011.

[40] 周世雄，严济宽，周明溥. 对称布置的双层隔振系统的振动计算 [J]. 上海建筑材料学报，1992，5 (1)：73~83.

[41] Girgis R S, Bernesjö M S, Thomas S, et al. Development of ultra-low-noise transformer technology [J]. IEEE Transactions Power Delivery, 2011, 26 (1)：228~234.

[42] 张鹏. 换流站 220kV 交流滤波器噪音及降噪措施 [J]. 电工技术，2008，(10)：86~87.

[43] 何琳，朱海潮，邱小军. 声学理论与工程应用 [M]. 北京：科学出版社，2006.

[44] Harris M C. Handbook of Noise Control [M]. 2nd ed. New York：McGrow-Hill, 1979.

[45] Bies D, Hansen C H. Engineering Noise (3th Edition) [M]. New York：E&FNSPON, 2003.

[46] 马大猷. 噪声与振动控制手册 [M]. 北京：机械工业出版社，2002.

[46] 吴韬，李昭，申正远. 穿孔板在声电转换系统中的应用分析 [J]. 应用能源技术，2014，201 (9)：42~44.

[47] Maa D Y. Theory and design of microperforated panel sound-absorbing constructions [J]. Scientia Sinica, 1975, 18 (1)：55~71.

[48] Maa D Y. Microperforated-panel wideban absorbers [J]. Journal of Noise Control Engineering, 1987, 29 (3)：77~84.

[49] Maa D Y, Li P Z, Mu X M, et al. Characteristics of the flow rate and noise raiation of micropore muffler [J]. Chinese Journal of Acoustic, 1984, 3 (1)：23~28.

[50] Maa D Y. Design of microperforated panel constructions [J]. Chinese Journal of Acoustic, 1988, 7 (3)：1~7.

[51] Maa D Y. Wide-band sound absorber based on microperforated panels [J]. Chinese Journal of Acoustic, 1985, 4 (3)：13-20.

[52] 马大猷. 高声强下的微穿孔板 [J]. 声学学报，1996，21 (1)：10~14.

[53] 马大猷. 微穿孔板结构的设计 [J]. 声学学报，1988，13 (3)：174~180.

[54] 马大猷. 微穿孔板的实际极限 [J]. 声学学报，2006，31 (6)：481~484.

[55] 马大猷. 微穿孔板吸声结构的理论和设计 [J]. 中国科学，1975，1 (1)：38~50.

[56] 马大猷. 微穿孔板吸声体的准确理论和设计 [J]. 声学学报，1997，22 (5)：385~393.

[57] Craik R J M, Smith R S. Sound transmission through double leaf lighweight partitions part I：airborne sound [J]. Applied Acoustics, 2000, 61 (2)：223~245.

[58] Sakagami K, Nakamori T, Morimoto M, et al. Double-leaf microperforated panel space absorbers：a revised theory and detailed analysis [J]. Applied Acoustics, 2009, 70 (3)：703~709.

[59] Sakagami K, Morimoto M, Yairi M, et al. A pilot study on improving the absorptivity of a thick microperforated panel absorber [J]. Applied Acoustics, 2008, 69 (2)：179~182.

[60] Sakagami K, Morimoto M, Koike W, et al. A numerical study of double-leaf microperforated panel absorbers [J]. Applied Acoustics, 2006, 67 (7)：609~619.

[61] Zhang Z M, Gu X T. The theoretical and application study on a double layer microperforated

sound absorption structure [J]. Journal of Sound and Vibration, 1986, 215 (3): 399~405.

[62] Lueg P. Process of silencing sound oscillations [M]. German, Invention patent, Drpno. 655508, 1933.

[63] Lueg P. Process of silencing sound oscillations [M]. Us, Invention patent, No. 2043416, 1936.

[64] Conover W B. Fighting noise with noise [J]. Journal of Noise Control Engineering, 1956 (2): 78~82.

[65] Ross C F. Experiments on the active control of transformer noise [J]. Journal of Sound and Vibration, 1978, 61 (4): 473~480.

[66] Hesselmann N. Investigation of noise reduction on a 100kVA transformer tank by means of active methods [J]. Applied Acoustics, 1978, 11 (1): 27~34.

[67] 张丽敏. 变压器噪声的反馈有源控制方法研究 [D]. 南京: 南京大学, 2012.

[68] 牛春芳, 耿荣林. 降低变压器噪声方法的探讨 [J]. 变压器, 2010, 47 (12): 20~23.

[69] 周彬. 电力变压器磁致伸缩效应引发的振动噪声分析 [J]. 变压器, 2013, 50 (12): 39~43.

[70] 董志刚. 变压器的噪声 (3) [J]. 变压器, 1995, 32 (12): 37~41.

[71] 董志刚. 变压器的噪声 (4) [J]. 变压器, 1996, 33 (1): 37~40.

[72] 蒋长庆, 朱伯铭. 关于变压器噪音的分析及其降低方法 [J]. 南京师范大学报, 1995, 18 (2): 19~21.

[73] 顾晓安, 沈荣瀛, 徐基泰. 国外变压器噪声研究的动向 [J]. 变压器, 2002, 39 (6): 33~38.

[74] Snell D. Measurement of noise associated with model transformer cores [J]. Journal of Magnetism and Magnetic Materials, 2008, 320 (20): 535~538.

[75] Loizos G, Kladas A G. Core vibration analysisin Si-Fe distributed gap wound cores [J]. IEEE Transactions on Magnetics, 2012, 48 (4): 1617~1620.

[76] Loizos G, Kefalas T D, Kladas A G, et al. Flux distribution analysis in three-phase Si-Fe wound transformer cores [J]. IEEE Transactions on Magnetics, 2010, 46 (2): 594~597.

[77] Yanada T, Mmowa S, Ichinokura O, et al. Design and analysis of noise -reduction transformer based on equivalent circuit [J]. IEEE Transactions on Magnetics, 1998, 34 (4): 1351~1353.

[78] Morses A J, Sakaida A. Effect of distorted flux density on three phase transformer cores assembled from high quality electricals [J]. IEEE Transactions on Magnetics, 1986, 22 (5): 532~534.

[79] Valkovic Z. Effect of electrical steel grade on transformer core audible noise [J]. Journal of Magnetism and Magnetic Materials, 1994, 133 (3): 607~609.

[80] Qiu X J, Li X, Ai Y T, et al. A wavefrom systhesis algorithm for active control of transformer noise: implementation [J]. Applied Acoustics, 2002, 63 (10): 467~479.

[81] 周贤土. 中小型变压器噪声 (下) [J]. 变压器, 2006, 43 (12): 1~6.

[82] Shirae K. Noise in amorphous magnetic material [J]. IEEE Transactions on Magnetics, 1984, 20 (5): 1299~1301.

［83］Azuma D, Hasegaw R. Core loss in toroidal cores based on Fe-based amorphous metglas 2605HB1 alloy ［J］. IEEE Transactions on Magnetics, 2011, 47 (10): 3460~3462.

［84］虞兴邦, 姜在秀, 韩涛. 非晶合金铁心组合式变压器噪声的降低 ［J］. 噪声振动与控制, 2002, 45 (12): 45~46.

［85］Hsu C H, Lee S L, Lin C C, et al. Reduction of Vibration and Sound-Level for a Single-Phase Power Transformer with Large Capacity ［J］. IEEE Transactions on Magnetics, 2015, 51 (11): 1~4.

［86］Chang Y H, Hsu C H, Hsu H W, et al. Reducing audible noise for distribution transformer with HB1 amorphous core ［J］. Journal of Applied Physics, 2011, 109 (7): 07A318-07A318-3.

［87］Chang Y H, Hsu C H, Chu H L, et al. Influence of bending stress on magnetic properties of 3-phase 3-leg transformers with amorphous cores ［J］. IEEE Transactions on Magnetics, 2011, 47 (10): 2776~2779.

［88］李旭光. 干式变压器振动和噪声试验研究与理论 ［D］. 上海: 上海交通大学, 2005.

［89］钟星鸣, 姚小虎, 韩强, 等. 非晶合金变压器铁心振动的实验研究 ［J］. 科学工程, 2009, 9 (17): 4934~4939.

［90］顺特电气有限公司. 树脂浇注干式变压器和电抗器 ［M］. 北京: 中国电力出版社, 2005.

［91］段绍辉, 丁庆, 黎剑锋. 非晶合金干式变压器噪声控制技术研究 ［J］. 变压器, 2014, 51 (4): 26~29.

［92］李晓雨, 庞靖, 王玲, 等. 非晶带材卷取参数对非晶配电变压器噪音影响的研究 ［C］. 第十二届中国电工钢学术年会论文, 海口, 2012: 254~258.

［93］Mouhamad M, Elleau C, Mazaleyrat F, et al. Physicochemical and accelerated aging tests of metglas 2605SA1 and metglas 2605HB1 amorphous ribbons for power applications ［J］. IEEE Transactions on Magnetics, 2011, 47 (10): 3192~3195.

3 非晶合金带材及其组合的磁特性、振动特性验证

3.1 引言

非晶合金铁芯配电变压器已在电网中运行多年。在建设节约与友好型社会过程中，人们最关注的是 AMDT 的空载损耗和噪声。AMDT 与普通硅钢片配电变压器相比具有独特的优越性。AMDT 潜在的节能优点已被欧盟作为提高能效、应对全球变暖和环境保护的战略方针[1]。另外，随着工业化和城镇化社会的进一步推进，城市人口密度越来越大，配电系统逐渐靠近居民区，来自于电力设备特别是变压器的可听噪声格外引人关注。研究表明磁致伸缩是导致变压器振动与噪声的主要原因[2]。减小 AMDT 铁芯的噪声是维护高质量生活环境的关键。为改善 AMDT 的综合性能，调查了不同类型非晶合金带材的退火工艺。根据工程实践经验，应选用高饱和磁通密度、高磁导率和低矫顽力的磁性材料作为变压器铁芯，以获得低损耗、低励磁功率和低噪声变压器[3]。此外，在设计过程中，掌握组合式非晶合金带材的磁性能是一项重要的任务。实践证明退火工艺和带材的组合对磁致伸缩和相应的磁性能有相当大的影响。当磁通密度分布比较均匀时，变压器铁芯损耗将相当小。Hasegawa[4,5]等人的研究表明磁致伸缩效应是造成铁芯振动和可听噪声的主要原因。从微观角度来看，材料的磁致伸缩主要来源于晶粒与自旋轨道耦合作用和磁偶子相互作用等；从宏观角度来看，磁致伸缩是材料内部磁畴在外部激励条件下发生偏转，磁性材料沿磁场方向产生微小的形变。磁畴的方向还受外力影响，当磁性材料受到压应力后，磁畴翻转的方向将发生偏转，偏转方向与克服磁晶各向异性的应力极性相反。

尽管非晶合金变压器制造企业使用的非晶合金带材名称和类型都相同，但其成分配比、生产工艺、存储方式、使用方式和杂质等状况存在不同，因此磁性能也可能存在较大差别。而目前我国能大规模生产并应用于变压器上的非晶合金带材生产厂家有日立金属、安泰科技和中航云路科技等企业。本章研究以上厂家生产的非晶合金带材及其组合的磁性能、振动和噪声特性，通过分析退火前后几种不同组合带材制成的圆环铁芯模型的磁性能、振动特性和噪声水平，以及不同退火温度对非晶合金带材的静态磁特性、动态性能的影响，获得几种性能较佳的非晶合金带材组合，为 AMDT 的降噪提供一种新的方法。

3.2　基本理论

3.2.1　磁损耗与磁导率变化

综上所述，由磁场与机械耦合产生的振动是非常复杂的，对于磁性材料来说，材料受到的外加应力和磁性材料晶格各向异性等因素都会影响磁致伸缩系数。材料的磁畴翻转主要沿易磁化的垂直轴线方向，可以近似用二次方程来描述磁致伸缩应变 λ 与磁化强度 M 的关系[6,7]：

$$\lambda = \frac{3}{2}\lambda_s \left(\frac{M}{M_s}\right)^2 \tag{3-1}$$

式中，λ_s 和 M_s 分别代表饱和磁致伸缩和磁化强度。

此外非晶合金磁性材料的初始磁导率 μ_i 与磁晶各向异性常数 $\langle K \rangle$ 有关，并随晶粒尺寸 D 的增加迅速降低，具体关系为：

$$\mu_i = P_\mu \frac{J_s^2}{\mu_0 \langle K \rangle} \propto D^{-6} \tag{3-2}$$

式中，P_μ 是常数；J_s 是饱和磁化强度；μ_0 是真空磁导率。

因此磁性材料的矫顽力 H_c 与晶粒尺寸 D^6 成正比。此外，对于旋转铁芯损耗测量可使用电磁场能量方法。根据坡印亭理论，试样的总损耗可用式（3-3）计算：

$$P_c = \frac{1}{T\rho_m} \int_0^T H \frac{dB}{dt} dt \tag{3-3}$$

式中，T 是磁性材料的磁致伸缩周期；ρ_m 是试样的质量密度。

3.2.2　磁致伸缩振动与噪声水平

为了测量变压器铁芯振动与噪声水平，铁芯的振动加速度 a_{core} 正比于铁芯的磁致伸缩 λ_s[8]。通过大量的实验数据和产品测试数据总结与分析，得到 AMDT 声压级的理论计算值为[9]：

$$L_{P, dB(A)} = C_1 + 19\log(W_t/1000) - 20\log[(C + D) \times \\ N \times 2/1000] + K_1(K_2 - B_m) + K_3 \tag{3-4}$$

式中，C_1 为 45；W_t 为非晶合金铁芯重量，kg；C 为非晶合金铁芯厚度，mm；D 为非晶合金铁芯宽度，mm；N 为非晶合金铁芯层数（排数），mm；K_1 为非晶合金铁芯磁通密度修正系数，35～39；K_2 为饱和磁通密度；B_m 为磁通密度，T；K_3 为 0.9～1.2（频率为 60Hz 时使用，对于 50Hz 不适用）。

3.3 实验装置与程序

3.3.1 磁测量装置与程序

本章实验使用湖南联众生产的 MATS-2010SD 测量非晶合金材料的静态磁性参数。主要磁性能参数:饱和磁通密度 B_s、剩余磁感应强度 B_r、初始磁导率 μ_i 及矫顽力 H_c 等,另外还测出了非晶合金铁芯的磁滞回线。使用日本岩崎生产的 Iwatsu Sy8232 B-H 分析仪测量非晶合金材料的动态磁性能参数:单位质量交流损耗 P_s、励磁功率 S_s 和磁导率 μ_i 实部参数值。

采用冲击法测量环状样品的静态磁特性,采用伏安法测量环状样品的动态特性。直流静态磁测量和交流动态磁测量原理图分别如图 3-1 (a) 和图 3-1 (b) 所示[10~12]。直流与交流磁性能测量都是基于感应原理,首先测量电学参数,再通过计算获得磁性能参数。

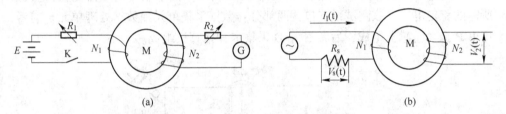

图 3-1 环形铁芯的磁性能测量原理图
(a) DC; (b) AC

图 3-1 (a) 中,E 为直流电源;R_1 和 R_2 为可调电阻;N_1 为励磁线圈;N_2 为测试线圈;G 为冲击检流计;K 为控制开关;M 为测试样品。图 3-1 (b) 中 R_s 为采样电感。

3.3.2 铁芯损耗测量装置与程序

国产带材制成的非晶合金铁芯的损耗测量通过图 3-2 所示电路来完成。根据变压器的相对老化率按式 (3-5) 确定:

$$V = 2^{\theta_h - 98}/6 \tag{3-5}$$

式中,θ_h 为热点温度,℃。

在一定时期的寿命损失 L 见式 (3-6):

$$L = \int_{t_1}^{t_2} V \mathrm{d}t \tag{3-6}$$

采用专用的空载损耗测试仪分别测试非晶合金铁芯温度在 92℃、98℃、

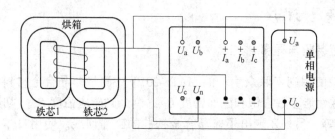

图 3-2　非晶合金铁芯的空载损耗测试示意图

104℃、110℃、116℃、122℃、128℃和 130℃时的空载损耗。

3.3.3　振动特性与噪声测试装置与程序

多通道振动与噪声水平测量系统如图 3-3 所示。图中利用调压器能获得实验所需的稳定电压。该测试系统包含两部分：数据采集单元和数据处理单元。前者由 ICP 振动传感器组成，后者由 A/D 采集卡和计算机组成。

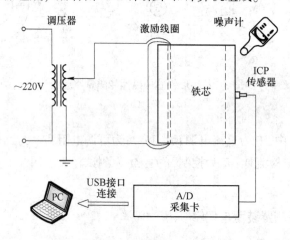

图 3-3　环形铁芯的振动特性与噪声测试示意图

3.3.3.1　传感器的选用与工作原理[13~19]

变压器铁芯及相关零部件的振动信号为电气机械振动信号，振动频宽为 10~2000Hz，振幅在 0.5~500μm 之间。目前振动传感器有位移传感器、速度传感器和加速度传感器。位移传感器不能在强电磁干扰的环境中使用，本研究的对象是按电磁感应原理设计的非晶合金变压器和其模型，其在工作或实验条件中有强电磁场干扰；另外本研究要测量对象表面的振动信号，位移传感器无法固定在测试对象的表面，所以针对铁芯、夹件和油箱表面振动信号的测量系统不能采用位移传感器。速度传感器虽然具有高灵敏度的优点，其输出信号也为电压信号，后续配套用放大器的设计相对容易，但是其频宽过小，它的频宽主要集中在 1000Hz 以下，所以也不能满足测量变压器铁芯与油箱表面的振动信号的要求。加速度传感器目前有压电式、应变式和伺服式。虽然伺服加速度传感器的低频响应速度快，但是其频宽小于 500Hz，不适用于变压器铁芯与油箱的振动信号测试。与应变式传感器相比，压电传感器的重量较小，重量大都在 2~500g 之间；另外其安装谐振频率较高、频宽较宽，可以根据测量要求合理使用，所以加速度传感器非常适合变压器的振动测量系统。

因压敏元件具有很高阻抗，为了使传感器测量的高阻抗信号转换为低阻抗信号，需前置一个放大器。放大器目前有电荷放大器和电压放大器。对于电压放大器，研究对象的振动会影响其与传感器连接电缆的分布电容，分布电容将影响放大器的灵敏度；另外放大器与传感器的连接电缆长度较长，也会影响放大器的灵敏度。对于电荷放大器，其灵敏度虽然不受电缆分布的影响，但是电缆振动与弯曲时，电缆芯线与绝缘材料之间将会发生摩擦而产生静电荷造成电缆噪声。为了克服压电传感器以上缺点，本研究采用集成电荷放大器的 ICP（Integrated Circuits Piezoelectric）集成压电传感器。该传感器的电源与信号共用一条电缆，输出阻抗低。ICP 测试系统如图 3-4 所示，通常 ICP 传感器由传感器、普通双芯电缆和不间断电源组成。

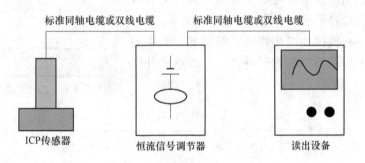

图 3-4　典型的 ICP 测试系统

压电式加速度传感器的结构通常有纵向效应、横向效应和剪切效应三种类型，纵向效应型是最常用的一种结构，如图 3-5 所示。

当传感器工作时，若惯性质量块比被测物体的质量小很多，则惯性质量块将感受到与传感器基座相同的振动，并受到与加速度方向相反的惯性作用力，此作用力为 $F = ma$，同时惯性力作用在压电片上产生的电荷大小与加速度成正比，即：

$$q = d_{33}F = d_{33}ma \tag{3-7}$$

式中，d_{33} 为压电片的压电系数。

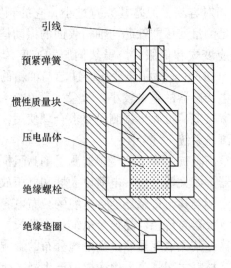

图 3-5　纵向效应型加速度传感器截面

式 (3-7) 表明加速度大小由电荷量反映。压电系数和质量块的质量决定灵敏度的大小。

压电加速度传感器可用质量 m、弹簧 k 和阻尼 c 组成的二阶系统来模拟，如图 3-6 所示。

由图 3-6 模拟的二阶模拟系统可知，频率的传递函数有幅频特性和相频特性，其表达式分别见式 (3-8) 和式 (3-9)：

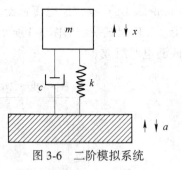

图 3-6　二阶模拟系统

$$\left| \frac{\Delta x}{a} \right| = \frac{(1/\omega_0)^2}{\sqrt{[1 - (\omega/\omega_0)^2]^2 + [2\xi(\omega/\omega_0)^2]^2}} \tag{3-8}$$

$$\varphi = -\tan^{-1}\left[\frac{2\xi(\omega/\omega_0)}{1 - (\omega/\omega_0)^2} \right] - 180° \tag{3-9}$$

式中，$\xi = c/(2\sqrt{km})$ 为相对阻尼系数；$\omega_0 = \sqrt{k/m}$ 为传感器的固有频率；$\Delta x = x_m - x_0$；x_0 为测试对象的位移；x_m 为传感器质量块的位移；Δx 为压电元件后的形变量。

压电加速度传感器灵敏度有以下关系：

$$F = k_y \Delta y \tag{3-10}$$

式中，k_y 为压电元件的弹性系数。

将式 (3-7) 代入式 (3-10) 得：

$$q = d_{33}F = d_{33}k_y\Delta x \tag{3-11}$$

将式（3-11）代入传感器幅频特性公式，便得到压电加速度传感器的灵敏度与被测振动频率的关系式：

$$\frac{q}{a} = \frac{d_{33}k_y/\omega_0{}^2}{\sqrt{[1-(\omega/\omega_0)^2]^2 + [2\xi(\omega/\omega_0)^2]^2}} \tag{3-12}$$

根据式（3-12）可得压电式加速度传感器的频响特性，如图3-7所示。

从图3-7可以看出，当被测物体的振动频率远小于传感器的固有频率时，传感器的相对灵敏度近似为常数，即：

$$\frac{q}{a} \approx \frac{d_{33}k_y}{\omega_0^2} \tag{3-13}$$

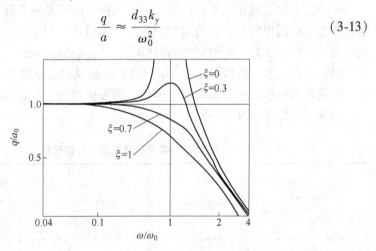

图 3-7 加速度传感器的频响特性

实际测量过程中，一般只取传感器固有频率的 $1/3\sim1/5$ 左右作为振动频率的上限，也就是说工作在频响特性的平直段。在这一范围内，传感器的灵敏度基本上是稳定值，即不随频率变化而变化。前面已提到过，压电式加速度传感器体积小、重量轻和刚度大，其固有频率通常达 30kHz，因此它的测量上限可达到几千赫兹。变压器铁芯、器身和油箱表面的振动信号的有用信号频率范围最多到 2000Hz。该类型振动传感器显然可以满足测量的需要。

本研究选用的振动传感器型号为 ICP AD1000，测量范围为 $0.2\sim8000Hz$，它的灵敏度为 1000mV/g。

3.3.3.2 其他元器件的选用

噪声计用来测量声压，选用商用 Fluk945，测量范围为 $30\sim130dB$，其分辨率为 0.1dB。根据 IEC60076-10 电力变压器第 10.1 部分：声级测定——应用指导，噪声声压级用 Fluk945 在离测试对象外形轮廓 0.3m 处测得。

选用了具有 USB 接口的 A/D 数据采集卡采集记录测试对象的振动信号，采集卡分辨率为 24 比特，最大采样频率为 128kHz。

当电压施加在激励线圈上时，传感器和噪声计开始分别采集振动信号和噪声信号。在实验期间，PC 记录振动特性，噪声计记录声压级。为了确保波形流畅和不遗漏快速傅立叶（FFT）频谱分析后的频率成分，采样频率选择为 32kHz。

3.3.4　试样铁芯及其组合铁芯的制作

本研究采取了现在大多数厂家常用的 3 种不同厂家的非晶合金带材及它们的组合作为带材制作铁芯，为后续方便，每种带材用代号表示，组合材料用代号+代号表示，见表 3-1。所有样品制作成圆筒形（或称圆环形），混合铁芯中每种带材片数各半。铁芯样品如图 3-8 所示，铁芯样品及组合铁芯的主要尺寸见表 3-2。铁芯样品及组合铁芯在横向磁场中退火，所加磁场方向与样品的关系如图 3-9 所示；退火工艺如图 3-10 所示。

表 3-1　非晶带材及其组合材料代码

材料名称	宽度/mm	代　　号	
		未退火	退火
2605SA1	142.24	A1	A2
1K101	142.24	C1	C2
AYFA	142.24	D1	D2
2605SA1+1K101	142.24	A1+C1	A2+C2
2605SA1+AYFA	142.24	A1+D1	A2+D2
1K101+AYFA	142.24	C1+D1	C2+D2

表 3-2 中，H 为样品的高度，mm；A 为样品的外径，mm；B 为样品的内径，mm；L_e 为样品的平均周长，mm；S_e 为净截面积，mm^2；M 为样品质量，kg；N_1 为激励线圈匝数；N_2 输出线圈匝数。

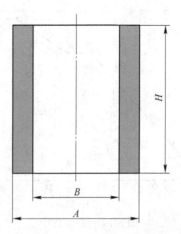

图 3-8 圆筒形（圆环形）铁芯示意图

表 3-2 铁芯样品及组合铁芯主要尺寸

代号	H/mm	A/mm	B/mm	L_e/mm	S_e/mm^2	M/g	N_1	N_2
A1	142.24	64.32	62.29	199.837	67.185	96.4	51	51
C1	142.24	65.15	63.9	202.71	52.354	76.2	49	50
D1	142.24	63.52	64.22	200.65	60.805	87.6	53	49
A1+C1	142.24	51.28	50	159.1	34.26	46.6	15	2
A1+D1	142.24	53.4	48.5	160.1	49.99	68.4	16	2
C1+D1	142.24	59.13	58	184	26.7	42	16	2

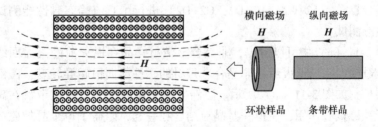

图 3-9 直流磁场与方向的关系

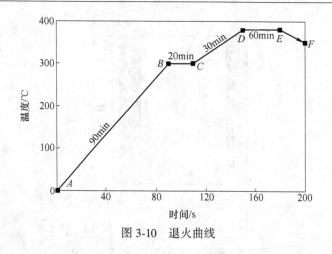

图 3-10　退火曲线

　　经过退火后，非晶合金带材没有晶化现象，即无 α-Fe 晶粒出现，为了防止在退火过程中非晶合金条带的氧化，因此退火过程中应充入氮气等气体保护。如图 3-10 所示，直线 AB 段所示为炉内环境从室温匀速升至 300℃，用时 90min。直线 BC 段所示为温度稳定在 300℃进行第一次保温，保温时间为 20min，用于保证铁基非晶带材的内外温度充分均衡，消除材料的内应力。其中，在炉内环境升温至 200℃时，加入大小为 1400A/m 的最佳横向磁场。直线 CD 段所示为在第一次保温时间结束后，进行第二次升温，使炉内温度升至最佳退火温度 380℃，用时 30min。直线 DE 段所示为在温度稳定在 380℃时按最佳保温时间 60min 进行第二次保温。直线 EF 段为保温时间结束后随炉降温，对铁基非晶带材进行降温冷却，当铁基非晶带材温度降至 100℃时，停止施加横向磁场。

3.4　实验结果及分析

3.4.1　退火对非晶合金带材静态磁性能的影响

　　在常温下分别对未退火的非晶合金带材（A1，C1，D1）、非晶合金组合带材（A1+C1，A1+D1，C1+D1）、退火后非晶合金带材（A2，C2，D2）和退火后非晶合金组合带材（A2+C2，A2+D2，C2+D2）进行了直流静态磁性能测试和交流动态磁性能测试。

　　从图 3-11（a）中可以看出，非晶合金带材样品在退火前的磁滞回线近似成矩形；经过横向磁场退火后，非晶合金带材的磁性能向恒磁导转变，磁滞回线形状变得狭长，如图 3-11（b）所示。磁滞回线变化的主要原因是带材在磁场退火时，由于铁磁耦合作用，使得一些晶粒结合在一起，阻碍了单个晶粒磁晶各向异性的形成，最后形成了有效的各向异性 K_u（感生单轴各向异性），又称为磁畴各向异性[20]。在理想情况下，由于磁场退火作用，许多晶粒结合在一起形成磁畴各向异性，其磁矩沿着退火时外磁场的方向或接近该方向。而横向感生的 K_u 垂直于坐标纵轴方向，从而磁滞回线变得狭长。

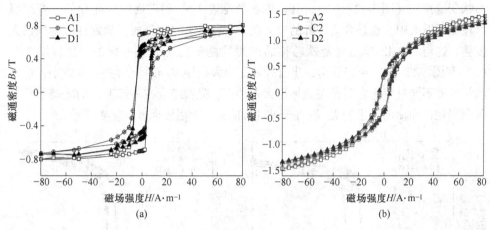

图 3-11 非晶合金铁芯的磁滞回线

（a）未退火；（b）退火

从表 3-3 和表 3-4 可以看出，一般来说退火前非晶带材的最大磁导率较小，矫顽力较高，软磁性能较差。非晶合金进行去应力退火处理后，非晶合金的结构趋向于亚稳态，非晶合金内部的应力在很大程度上得到释放，软磁性能得到很大改善，这与文献［21］一致。软磁非晶合金的退火温度在居里温度和玻璃态形成温度之间，退火处理有效减小了非晶合金的内应力和磁各向异性，减小了非晶合金的矫顽力，优化了非晶合金铁芯的软磁性能。

表 3-3 退火前铁芯样品的磁性能参数

铁芯代号	参　　数					
	μ_i/K	μ_m/K	B_s/T	B_r/T	$H_c/A\cdot m^{-1}$	$I_s/A\cdot m^{-1}$
A1	0.9018	67.01	1.455	0.7009	5.127	80.6
C1	0.8939	31.74	1.542	0.473	6.152	80.2
D1	1.079	45.52	1.553	0.5497	4.693	80.3

表 3-4 退火后铁芯样品的磁性能参数

铁芯代号	参　　数					
	μ_i/K	μ_m/K	B_s/T	B_r/T	$H_c/A\cdot m^{-1}$	$I_s/A\cdot m^{-1}$
A2	5.08	39.88	1.46	0.3329	3.593	80.05
C2	4.99	48	1.371	0.3429	3.316	80.01
D2	3.961	41.49	1.329	0.3753	4.268	80.02

从图 3-12 可以看出，非晶合金组合带材在退火前的磁滞回线成矩形（图 3-12（a）），其详细参数见表 3-5；经过横向磁场退火后磁滞回线向恒磁导转变，其形状变得狭长（图 3-12（b）），其详细参数见表 3-6。磁滞回线的变化的主要原因是在磁场退火中，非晶合金内部的应力在很大程度上得到释放，软磁性能得到很大改善，这与图 3-12 非晶合金铁芯样品的磁性能变化规律是一样的。比较图 3-11（b）和图 3-12（b）可以看出，组合式铁芯最大磁导率与矫顽力进一步减小，这可能是两种不同材料组合时，在磁场退火条件下，晶粒结合在一起形成的磁畴更易于各向同性，而横向感生的 K_u 垂直于纵轴方向，从而磁滞回线变得更狭长。

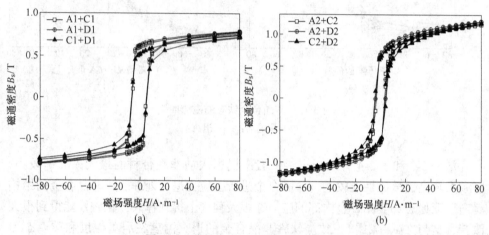

图 3-12　非晶合金组合铁芯的磁滞回线

（a）未退火；（b）退火后

表 3-5　退火前组合带材磁性能参数

铁芯代号	参　　数					
	μ_i/K	μ_m/K	B_s/T	B_r/T	$H_c/A \cdot m^{-1}$	$I_s/A \cdot m^{-1}$
A1+C1	0.8831	45.83	1.429	0.6047	5.767	80.3
A1+D1	0.8188	48.63	1.394	0.6218	6.054	80.6
C1+D1	0.9193	35.49	1.419	0.5178	6.371	80.5

表 3-6　退火后组合带材磁性能参数

铁芯代号	参　　数					
	μ_i/K	μ_m/K	B_s/T	B_r/T	$H_c/A \cdot m^{-1}$	$I_s/A \cdot m^{-1}$
A2+C2	1.614	77.95	1.156	0.6733	3.312	80.1
A2+D2	2.476	70.76	1.205	0.6737	4.002	80.05
C2+D2	1.727	58.33	1.18	0.6448	4.514	80.05

3.4.2 退火对非晶合金带材动态磁性能的影响

非晶合金带材样品在退火前后的动态磁滞回线如图 3-13 所示，从图 3-13（a）可以看出，非晶合金带材样品在退火前的动态磁滞回线成矩形；经过横向磁场退火后磁滞回线向恒磁导转变，形状变得狭长（图 3-13（b））。退火过程对非晶合金带材的动态磁性能引起的变化规律与静态特性的变化规律一致。

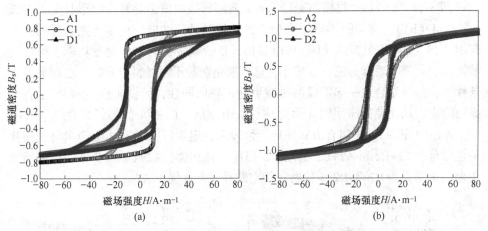

图 3-13　非晶合金带材样品 50Hz 时的动态磁滞回线

（a）未退火；（b）退火后

从表 3-7 和表 3-8 可以看出，与退火前相比，退火后的非晶合金带材样品

表 3-7　退火前非晶合金带材 50Hz 时动态磁性能参数

铁芯代号	频率	性能参数					
	/Hz	S_s /V·A·kg^{-1}	P_s /W·kg^{-1}	B_r /T	B_m /T	H_c/A·m^{-1}	H_m /A·m^{-1}
A1	50	2.719	0.2514	0.6924	0.8049	11.17	79.77
C1	50	1.832	0.165	0.4686	0.7049	9.924	79.06
D1	50	1.854	0.1939	0.5363	0.73	10.28	80.38

表 3-8　退火后非晶合金带材 50Hz 时动态磁性能参数

铁芯代号	频率	性能参数					
	/Hz	S_s /V·A·kg^{-1}	P_s /W·kg^{-1}	B_r /T	B_m /T	H_c/A·m^{-1}	H_m /A·m^{-1}
A2	50	1.46	0.2169	0.3599	1.102	9.526	80.14
C2	50	1.67	0.16	0.4154	1.152	9.6	79.65
D2	50	1.517	0.1846	0.515	1.083	9.5	79.89

A1、C1 和 D1 的励磁功率 S_s 分别下降了 1.25V·A/kg、0.162V·A/kg 和 0.337V·A/kg；空载损耗 P_s 分别下降 0.035W/kg、0.005W/kg 和 0.009W/kg；矫顽力 H_c 分别下降 1.644A/m、0.324A/m 和 0.78A/m；剩磁 B_r 分别下降了 0.333T、0.053T 和 0.022T。从磁滞回线的面积可看出，退火非晶合金带材的软磁性能得到了优化。另外饱和磁通密度值 B_s 也有不同程度的上升。

从图 3-14 可以看出，非晶合金组合带材样品在退火前的动态磁滞回线成矩形（图 3-14（a））；经过横向磁场退火后磁滞回线向恒磁导转变，形状变得狭长（图 3-14（b）），这与图 3-13 非晶合金铁芯样品的磁性能变化规律是一样的。比较图 3-13（b）和图 3-14（b）可以看出，组合式带材的单位励磁功率、单位空载损耗、剩磁与矫顽力进一步减小，这可能是两种不同材料组合时，在磁场退火条件下，晶粒结合在一起形成的磁畴更易于各向同性，而横向感生的 K_u 垂直于纵轴方向，从而使磁滞回线变得更狭长。退火前，D1+C1 的损耗特性优于 A1+C1、A1+C1 和 A1+D1 组合方式损耗特性较差；退火后，D2+C2 组合带材的损耗特性最优，A2+C2 和 A2+D2 组合带材损耗特性相似，A2+D2 组合方式损耗特性较差。这是因为 C2 和 D2 单种材料的空载损耗特性优于 A2。

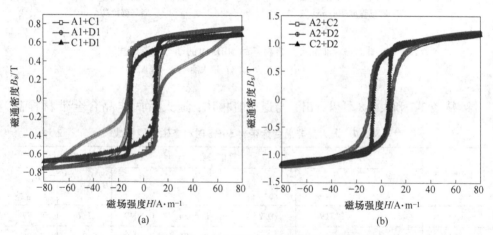

图 3-14　非晶合金组合带材 50Hz 时的动态磁滞回线

（a）未退火；（b）退火后

从表 3-9 和表 3-10 可以看出，与退火前相比，退火后的非晶合金铁芯带材 A1+C1、A1+D1 和 C1+D1 的励磁功率 S_s 分别下降了 0.264V·A/kg、0.007V·A/kg 和 0.291V·A/kg；空载损耗 P_s 分别下降了 0.026W/kg、0.02W/kg 和 0.017W/kg；矫顽力 H_c 分别下降了 2.116A/m、1.136A/m 和 1.89A/m；剩磁 B_r 分别下降了 0.289T、0.231T 和 0.138T。从磁滞回线的面积可看出，退火非晶合金的软磁性能得到了优化。另外饱和磁通密度值 B_s 也有不同程度的上升。

表 3-9　退火前组合铁芯 50Hz 时动态磁性能参数

铁芯代号	频率 /Hz	性能参数					
		S_s /V·A·kg^{-1}	P_s /W·kg^{-1}	B_r /T	B_m /T	H_c/A·m^{-1}	H_m /A·m^{-1}
A1+C1	50	1.701	0.2162	0.5955	0.7576	10.97	79.94
A1+D1	50	1.364	0.2125	0.6029	0.756	10.64	79.05
C1+D1	50	1.754	0.1894	0.4532	0.6852	11.44	79.94

表 3-10　退火后组合铁芯 50Hz 时动态磁性能参数

铁芯代号	频率 /Hz	性能参数					
		S_s /V·A·kg^{-1}	P_s /W·kg^{-1}	B_r /T	B_m /T	H_c/A·m^{-1}	H_m /A·m^{-1}
A2+C2	50	1.437	0.1899	0.30607	1.187	8.854	80.3
A2+D2	50	1.357	0.1925	0.3721	1.202	9.504	79.96
C2+D2	50	1.463	0.1726	0.3157	1.172	9.55	79.97

3.4.3　退火前非晶合金带材的振动特性与噪声水平

采用图 3-3 实验装置，对退火前的非晶合金铁芯带材及组合带材施加交流电压，当所有的带材铁芯样品及其组合工作在磁通密度为 1.3T 时，用振动传感器测量铁芯的振动信号，噪声计在沿样品圆周 0.3m 处测量 6 组数据，平均值为铁芯的声压级水平。测得退火前后振动幅值变化如图 3-15 所示。

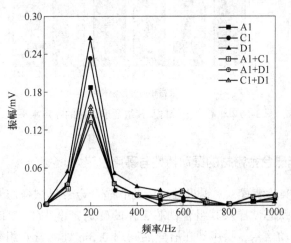

图 3-15　非晶合金带材与组合带材退火前振动幅值与频率的关系

从图 3-15 可知，在额定的激励电压下，非晶合金带材样品和组合带材铁芯的振动基本频率为 100Hz，在 200Hz 时振动幅值达到最大，并有其他高次谐波成分，到 1000Hz 以后，基本衰减为零。带材铁芯样品的振动幅值依次为 D1<C1<A1；组合带材铁芯振动幅值依次为 C1+D1<A1+C1<A1+D1。此种现象可能是带材铁芯组合后，磁性材料内部存在着阻碍畴壁运动的阻力，这种阻力主要来源于两种磁性材料的不均匀性。在材料磁畴位移时，这种不均匀性将引起铁芯内部能量的变化而产生阻力，从而抑制磁致伸缩大小[22]。

非晶合金带材及其组合退火前的噪声声压级如图 3-16 所示。从图 3-16 中可知：在额定的激励电压下，与非晶合金铁芯样品的噪声水平相比，原样品 A1、C1 和 D1 的噪声水平（声压级，SPL）分别为 35.9dB、35.6dB 和 36.1dB；组合铁芯 A1+C1、A1+D1 和 C1+D1 的噪声水平（声压级，SPL）分别为 33.6dB、33.7dB 和 34.3dB。组合带材铁芯中最小声压级与最大的带材铁芯样品的噪声相比下降了 2.5dB，组合带材铁芯的噪声水平与带材铁芯样品比较都有不同程度的下降。这与图 3-15 中的振动幅值的变化规律是一致的，即非晶合金铁芯的振动幅值越大，非晶合金的噪声水平越高，反之也成立。

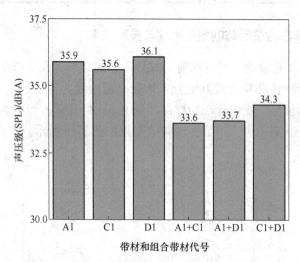

图 3-16　非晶合金带材及其组合退火前的噪声水平

3.4.4　退火后非晶合金带材的振动特性与噪声水平

利用图 3-3 实验装置，对退火处理后的非晶合金带材试样与其组合施加交流电压，当所有的铁芯试样及其组合铁芯工作的磁通密度为 1.3T 时，用振动传感器测量铁芯的振动信号，噪声计在沿样品圆周 0.3m 处测量 6 组数据，平均值为铁芯的声压级水平。

从图 3-17 可知，振动规律与退火前一致（图 3-15），与退火前相比，退火后带材铁芯试样 A1、C1 和 D1 的最大振动幅值分别下降了 0.04mV、0.05mV 和 0.09mV；组合带材铁芯振动幅值分别下降了 0.02mV、0.01mV 和 0.02mV。

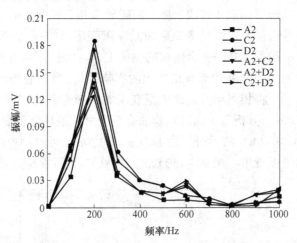

图 3-17　非晶合金带材及其组合退火后振动幅值与频率之间的关系

从图 3-18 可知，与退火前相比，退火后带材铁芯试样 A1、C1 和 D1 的噪声水平（声压级，SPL）分别下降了 1.9dB、0.7dB 和 0.8dB；组合带材铁芯噪声水平（声压级，SPL）分别下降了 0.5dB、1.2dB 和 0.5dB。实验结果表明，在退火温度低于晶化温度时，退火可以使非晶合金带材制备过程中的应力得到充分释放，有效消除应力和感生出来的磁各向异性。同时在温度升高时，原子的扩散和迁移，导致原子相对位置的变化，从而使磁性原子的交换作用增强；退火处理可以提高非晶合金带材及组合带材的综合软磁性能。

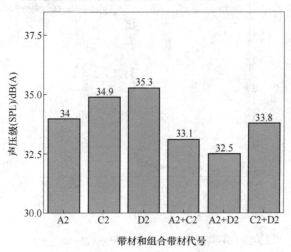

图 3-18　非晶合金带材及其组合退火后的噪声水平

3.4.5　温度对退火后非晶合金带材静态磁特性影响

在设计过程中，掌握组合式非晶合金带材的磁性能是一项重要的任务。根据工程实践经验，应选用高饱和磁通密度、高磁导率和低矫顽力的磁性材料作为变压器铁芯，以获得低损耗、低励磁功率和低噪声变压器[23]。为改善 AMDT 的综合性能，调查了不同类型非晶合金带材的退火工艺。实践证明退火工艺和带材的组合对磁致伸缩和相应的磁性能有相当大的影响[24]。当磁通密度分布比较均匀时，变压器铁芯损耗将相当小。因此依据变压器绝缘寿命的"六度原则"，在温度92～130℃范围内，分析退火温度对非晶合金带材的磁特性影响。

图 3-19（a）和（b）所示分别为 142mm 和 170mm 带材制成的铁芯样品的静态磁特性。由图可以看出，在 92～130℃之间，铁芯样品的磁滞回线基本重合，说

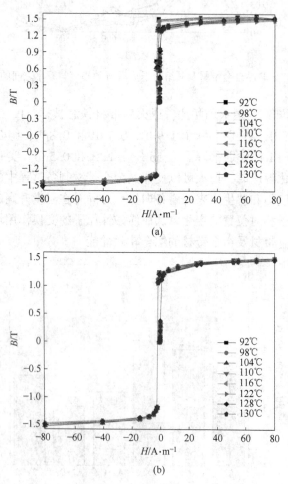

图 3-19　不同温度下的静态磁特性，$H=80$（50Hz）

（a）142mm 带材；（b）170mm 带材

明非晶合金的静态磁特性（如矫顽力、剩余磁通密度及磁通密度值）在该温度范围内基本保持不变，而对于非晶合金油浸式变压器，长期运行温度为105℃，因此采用国产带材替代进口带材，其静态特性是稳定的。

3.4.6 温度对退火后带材的动态特性影响

图3-20（a）和（b）所示分别为142mm和170mm带材制成的铁芯样品，采用图3-10退火工艺处理后，对其进行了不同温度下的动态磁性能测量。对于动态磁特性来说，非晶合金带材的单位空载损耗与磁功率值是衡量带材优劣的两项重要参数指标，因此本研究主要对这两项参数在不同温度下的磁特性进行测试与分析。非晶合金带材的单位空载损耗随温度升高其变化量不大。但对于非晶合

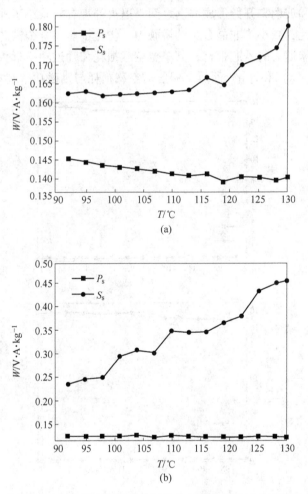

图3-20 不同的温度下对退火处理后带材的空载损耗与励磁功率特性（1.35T）

(a) 142mm带材；(b) 170mm带材

金带材的励磁功率，对于 142mm 的带材来说，其值在 110℃以下，励磁功率稳定在 0.163V·A/kg，随着温度升高到 130℃，励磁功率达到 0.179V·A/kg；对于 170mm 的带材来说，随着温度的升高，其空载损耗值基本保持不变，但励磁功率值随温度的升高而增大；另外 170mm 带材的励磁功率明显高于 140mm 带材的励磁功率。因此，对于 170mm 带材的退火工艺曲线需改进。

3.4.7 温度对未退火带材的动态特性影响

一般来说退火前非晶带材的最大磁导率较小，矫顽力较高，软磁性能较差。非晶合金进行去应力退火处理后，非晶合金的结构趋向于亚稳态，非晶合金内部的应力在很大程度上得到释放，软磁性能得到很大改善。软磁非晶合金的退火温度在居里温度和玻璃态开始形成温度之间，退火处理有效减小了非晶合金的内应力和磁各向异性，减小了非晶合金的矫顽力，优化了非晶合金铁芯的软磁性能。

因此对于未退火的铁芯带材，其单位空载损耗和励磁功率远大于退火后的带材。如图 3-21（a）和（b）所示，温度对空载损耗与励磁功率基本没有影响。

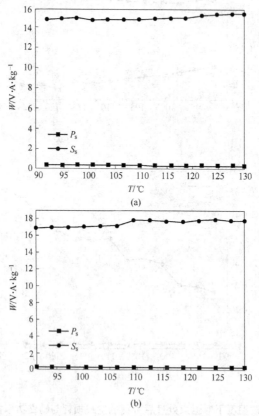

图 3-21 不同的温度下对未退火处理后的带材的空载损耗与励磁功率特性（1.35T）

（a）142mm 带材；（b）170mm 带材

3.4.8 温度对铁芯损耗与励磁功率的影响

为了进一步验证非晶合金带材的稳定性，本项目采用 142mm 带材制成一台 SBH15-M-100/10 非晶合金变压器的成品铁芯，如图 3-22（a）和（b）所示，本项目测量了常温与 92~116℃之间的单位空载损耗和励磁功率值。由图 3-22 可以看出，单位空载损耗值不随温度的变化而变化，励磁功率随温度的升高而升高，这与带材制成的样品的特性是一致的。

对于大框铁芯与小框铁芯，其单位空载损耗值基本保持一致。但对于励磁功率，大框铁芯在 116℃时，其值为 0.549V·A/kg；小框铁芯在 116℃时，其值为 0.4V·A/kg。这是因为大框铁芯比小框铁芯窗口宽，在铁芯转角处应力比小框大，另由于大框比小框宽，卷绕好的成品铁芯铁轭重力比小框大，因此影响了铁芯的励磁功率值。

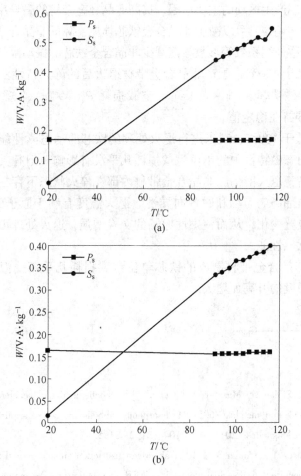

图 3-22　不同的温度下对未退火处理后的铁芯的空载损耗与励磁功率特性（1.35T）

（a）大框铁芯；（b）小框铁芯

3.5 本章小结

本章全面阐述了非晶合金带材及其组合退火前后的磁性能、振动特性和噪声水平以及带材试样及其组合带材的制备过程和实验系统，并推出了一种新的改善非晶合金铁芯磁性能和噪声水平的方法。主要结论如下：

（1）不同的非晶合金带材组合成的铁芯能够改善励磁功率 S_s（V·A/kg）、空载损耗 P_s（W/kg）、矫顽力 H_c（A/m）和剩磁 B_r（T）。

（2）铁芯退火以后，能消除非晶合金带材内部在淬火状态下存在的大量残余应力，有效消除内部高的应力场和磁各向异性。退火温度有利于原子的扩散和迁移，导致原子相对位置变化，从而使磁性原子的交换增强，退火处理可以提高非晶合金带材的综合软磁性能并且有助于改善非晶合金铁芯的噪声水平。

（3）阐述了非晶合金带材及其组合的磁性能和噪声水平的影响因素，磁致伸缩是非晶合金铁芯产生振动的主要原因。提高非晶合金带材的磁导率、降低非晶合金带材的矫顽力和剩磁，可以减少非晶合金铁芯损耗；降低非晶合金带材磁性能中的励磁功率和磁致伸缩系数等参数，能减少非晶合金铁芯的振动幅值与噪声水平。

（4）温度低于130℃，国产非晶合金带材退火后的静态特性不随温度变化而变化。即铁芯励磁功率 S_s（V·A/kg）、空载损耗 P_s（W/kg）、矫顽力 H_c（A/m）和剩磁 B_r（T）维持在稳定值。

（5）温度低于130℃，对未进行退火处理的铁芯的动态磁性能无影响，对铁芯退火以后的动态磁特性中的单位空载损耗几乎没有影响。但是其励磁功率随温度的升高而升高，退火能消除非晶合金带材内部在淬火状态下存在的大量残余应力，有效消除内部高应力场和磁各向异性。退火温度有利于原子的扩散和迁移，导致原子相对位置变化，从而使磁性原子的交换增强，退火处理可以提高非晶合金带材的综合软磁性能。

（6）国产非晶合金带材制成的铁芯单位空载损耗几乎不受温度影响，但其励磁功率值随温度的升高而增大。

参 考 文 献

[1] Mouhamad M, Elleau C, Mazaleyrat F, et al. Physicochemical and accelerated aging tests of metglas 2605SA1 and metglas 2605HB1 amorphous ribbons for power applications [J]. IEEE Transactions on Magnetics, 2011, 47 (10): 3192~3195.

[2] Somkun S, Moses A J, Anderson P I, et al. Magnetostriction anisotropy and rotational magneto-striction of a nonoriented electrical steel [J]. IEEE Transactions on Magnetics, 2010, 46 (2):

302~305.

[3] Otsuka I, Wada K, Maeta Y, et al. Magnetic properties of Fe-based amorphous powders with high-saturation induction produced by spinning water atomization process (SWAP) [J]. IEEE Transactions on Magnetics, 2008, 44 (11): 3891~3894.

[4] Hasegawa R. Advances in amorphous and nanocrystalline magnetic materials [J]. Journal of Magnetism and Magnetic Material, 2006, 304 (2): 187~191.

[5] Hasegawa R, Azuma D. Impacts of amorphous metal-based transformers on energy efficiency and environment [J]. Journal of Magnetism and Magnetic Material, 2008, 320 (20): 2451~2456.

[6] 王博文, 曹淑瑛, 黄文美. 磁致伸缩材料与器件 [M]. 北京: 冶金工业出版社, 2008.

[7] Smith R C, Dapino M J, Otsuka S S. Free energy model for hysteresize in magnetostrictive transducers in steel [J]. IEEE Transactions on Magnetics, 1997, 33 (11): 3958~3960.

[8] Du B X, Liu D S. Dynamic behavior of magnetostriction-induced vibration and noise of amorphous alloy cores [J]. IEEE Transactions on Magnetics, 2015, 51 (4): 7208708.

[9] Chang Y H, Hsu C H, Tseng C P. Magnetic properties improvement of amorphous cores using newly developed step-lap joints [J]. IEEE Transactions on Magnetics, 2010, 46 (6): 1791~1794.

[10] 唐统一, 赵伟. 电磁测量 [M]. 北京: 清华大学出版社, 1997.

[11] 刘兴民. 直流磁性测量 [M]. 北京: 机械工业出版社, 1997.

[12] 梅文余. 动态磁性测量 [M]. 北京: 机械工业出版社, 1985.

[13] 宛德福. 磁性理论及应用 [M]. 武汉: 华中理工大学出版社, 1996.

[14] 王化祥, 张淑英. 传感器原理与应用 [M]. 3版. 天津: 天津大学出版社, 1996.

[15] 孙玉声. 振动传感器 [M]. 西安: 西安交通大学出版社, 1991.

[16] 袁希光. 振动传感器技术手册 [M]. 北京: 国防工业出版社, 1984.

[17] 刘兆琦. 测试技术与传感器 [M]. 西安: 西北工业大学出版社, 1993.

[18] 黄贤武, 郑筱霞, 曲波, 等. 传感器实用应用电路设计 [M]. 成都: 电子科技大学出版社, 1997.

[19] 侯国章. 测试与传感技术 [M]. 哈尔滨: 哈尔滨工业大学出版社, 1998.

[20] 王昕, 余志海, 周佩珩. 纳米晶 (FeCo) 78Nb6B15Cu1 合金晶化过程及其磁特性研究 [J]. 稀有金属材料与工程, 2010, 39 (4): 682~686.

[21] 周龙. 磁场退火对非晶及纳米晶合金软磁性能的影响 [D]. 天津: 天津大学, 2006.

[22] Liu D S, Li J C, Noubissi R K, et al. Magnetic Properties and Vibration Characteristics of Amorphous Alloy Strip and Its Combination [J]. IET Electric Power Application, 2019, 13 (10): 1589~1597.

[23] Otsuka I, Wada K, Maeta Y, et al. Magnetic properties of Fe-based amorphous powders with high-saturation induction produced by spinning water atomization process (SWAP) [J]. IEEE Transactions on Magnetics, 2008, 44 (11): 3891~3894.

[24] Liu D S, Li J C, Wang S H, et al. Stability of Properties on Magnetic Ribbon and Cores with Domestic Fe-Based Amorphous Alloy for HTS AMDT [J]. IEEE Transactions on Applied Superconductivity, 2019, 29 (2): 5500805.

4 非晶合金铁芯振动与噪声的动态行为

4.1 引言

近年来，AMDT 已经应用在许多地方。由于 AMDT 有低空载损耗（铁芯损耗）的特点，它们的广泛使用在节约全球能源与减少 CO_2 排放上起到了至关重要的作用[1,2]。AMDT 铁芯与普通硅钢配电变压器相比具有更小的剩磁与矫顽力，AMDT 的空载损耗约为 CSDT 的 1/4。但是 AMDT 具有更高的磁致伸缩系数，另外 AMDT 对应力特别敏感，非晶合金铁芯不能固定与受力，因此高噪声不可避免[3]。通过优化 AMDT 设计与生产工艺，确保较低的空载损耗是可行的，减小来自 AMDT 铁芯的噪声是维护高质量生活环境的关键。

国内外很多学者对如何减小铁芯中由磁致伸缩引起的振动噪声开展了研究[4,5]。Somkun[2] 等人的研究表明变压器的振动分析是电力系统噪声分析中最重要课题之一。许多学者将变压器的振动分析作为变压器监测的一种重要手段[6,7]。不同的振动模型已被用来开发监测变压器油箱的振动，并在实验室、变压器生产工厂和运行现场进行多次测量[8~10]。这些研究表明，变压器的振动与噪声来源于铁芯的磁致伸缩。汲胜昌等人开发了一种新的评估运行中的电力变压器铁芯状况的技术[11]。为了降低油箱表面的噪声，文献［12］中介绍了一种标准油箱。在评估过程中，开发了针对三相电力变压器油箱振动的测量平台[13]。多次实践表明，基于油箱表面振动的测量，理论预测与实测结果基本吻合[14,15]。对于 AMDT 噪声，文献［16］指出，具有 H 形油箱的 2605HB1 AMDT 噪声比 2605SA1 AMDT 噪声要小，研究表明可听噪声的大小与铁芯制作材料和油箱结构相关。这些研究的开展激发了全世界学者对 AMDT 振动噪声的研究热情。尽管变压器油箱振动特性研究被不同的学者公布，但是变压器铁芯特别是 AMDT 铁芯不同位置的振动特性仍然处于未知状态。

本章基于以上情况，为减小 AMDT 噪声，对 AMDT 铁芯不同位置的振动特性进行研究，同时监测铁芯的运行状况。本研究主要关注铁芯表面不同位置的磁致伸缩振动，分析振幅与频率的关系，并利用小波包变换对振动信号进行检测分析。在实验室搭建了实验测试平台，实验在由 10kV 三相 AMDT 的一只外框和一只内框组成的铁芯上进行。利用有限元分析对非晶合金铁芯表面磁通密度进行仿真，依据计算结果，在铁芯表面布置振动传感器获取不同部位的振动信号，同时铁芯下面垫有硅橡胶绝缘和泡沫垫，铁芯用绝缘绑扎带绑扎。本研究讨论了铁芯不同位置的振动特性，根据不同位置的振动特性，提出了有效的噪声控制方法。对不同受力状态下的铁芯振动信号进行分析，将有利于在 AMDT 生产前对其噪声水平进行预测。

4.2 基本理论

4.2.1 小波包分析原理

傅里叶变换有一定的局限性，比如信号经过傅里叶变换后，无法知道信号的大小、结构信息、信号的累积过程，也就是说傅里叶变换对分解后的信号无分辨率，只能在结果中呈现信号的尺度范围；另外无法识别信号的奇异性位置。20 世纪 80 年代初，法国 Morlet 工程师成功地用小波分析（wavelet analysis，又称子波分析）解决了这些问题。小波分析可以认为是傅里叶变换发展史上的一次重大突破。许多学者用小波分析成功解决了信号处理、图像压缩、语音编码、模式识别、地震勘探、大气科学以及许多非线性科学领域中的疑难问题，因小波分析同时具有揭示时域和频域的良好局部特性和任何微小细节的能力，故能诊断出信号的突变点[17~19]。

R. R. Coifman 和 M. V. Wickerhauser 等人在小波变换的基础上提出了小波包的概念，并在数学上做了更为严密的推导[20]。小波包分析既能像小波分析一样对低频分量进行处理，又能对小波分析中没有分解的高频分量进行分割细化，在很大程度上改善了小波分析的性能。考虑到数据的复杂程度和能量时频局部特性，希望时频平面的划分能够依据能量的分布特点形成更加合理的结构。

综上所述，小波包分析比小波分解更为精细，对信号的频率分辨率更高。

在小波包分析中，随着信号的 α 尺度参数的减小，小波 $\psi_{a,b}(t)$ 的时宽变小，$\widehat{\psi}_{a,b}(\omega)$ 的带宽增大。从多分辨率分析的角度看，$V_0 = V_1 \oplus W_1 = V_2 \oplus W_2 \oplus W_1 = \cdots$ 只是对 V 空间迭代进行分解的结果，$L^2(R) = \oplus W_j$ 表明多分辨率分析是按照不同的尺度因子，把 Hilbert 空间 $L^2(R)$ 分解为所有子空间 $W_j (j \in Z)$ 的正交和，其中 W_j 为小波函数 $\psi(t)$ 的子空间。对小波子空间 W_j 按照二进制方式进行频率的细分，可以达到提高频率分辨率的目的。首先将尺度子空间 V_j 和小波子空间 W_j 用一个新的子空间统一起来表示，令：

$$\begin{cases} U_j^0 = V_j \\ U_j^1 = W_j \end{cases} \quad j \in Z \tag{4-1}$$

则 Hilbert 空间的正交分解 $V_{j+1} = V_j \oplus W_j$ 可用 U_j^n 的分解统一起来：

$$U_{j+1}^0 = U_j^0 \oplus U_j^1 \qquad j \in Z \tag{4-2}$$

定义子空间 U_j^n 是函数 $\omega_{2n}(t)$ 的子空间，令函数 ω 满足双尺度方程，则：

$$\begin{cases} \omega_{2n}(t) = \sqrt{2} \sum_k h(k) \omega_n(2t - k) \\ \omega_{2n+1}(t) = \sqrt{2} \sum_k g(k) \omega_n(2t - k) \end{cases} \qquad (4\text{-}3)$$

式（4-3）中，$g(k) = (-1)^k h(1 - k)$，即两系数也具有正交关系。当 $n = 0$ 时，有：

$$\begin{cases} \omega_0(t) = \sqrt{2} \sum_k h(k) \omega_0(2t - k) \\ \omega_1(t) = \sqrt{2} \sum_k g(k) \omega_0(2t - k) \end{cases} \qquad (4\text{-}4)$$

$\omega_0(t)$ 和 $\omega_1(t)$ 退化为尺度函数 $\varphi(t)$ 和小波基函数 $\psi(t)$，式（4-4）为式（4-1）的等价表示。把这种表示方法推广到 $n \in Z^+$，即可得到式（4-2）的等价表示：

$$U_{j+1}^n = U_j^{2n} \oplus U_j^{2n+1} \qquad j \in Z, \; n \in Z^+ \qquad (4\text{-}5)$$

由式（4-5）构造的序列 $\{\omega_n(t)\}$（$n \in Z^+$），被称为自由基函数 $\omega_0(t) = \varphi(t)$ 确定的小波包。

对式（4-1）进行迭代分解，有：

$$W_j = U_j^1 = U_{j-1}^2 = U_{j-1}^3$$

$$U_{j-1}^2 = U_{j-2}^4 \oplus U_{j-2}^5, \quad U_{j-1}^3 = U_{j-2}^6 \oplus U_{j-2}^7 \qquad (4\text{-}6)$$

$$\vdots$$

由此可以得到小波子空间各种分解 W_j：

$$W_j = U_{j-1}^2 \oplus U_{j-1}^3$$

$$W_j = U_{j-2}^4 \oplus U_{j-2}^5 \oplus U_{j-2}^6 \oplus U_{j-2}^7$$

$$\vdots$$

$$W_j = U_{j-k}^{2^k} \oplus U_{j-k}^{2^k+1} \oplus \cdots \oplus U_{j-k}^{2^{k+1}-1} \qquad (4\text{-}7)$$

$$\vdots$$

$$W_j = U_0^{2^L} \oplus U_0^{2^L+1} \oplus \cdots \oplus U_0^{2^{L+1}-1}$$

式（4-7）表明，小波包空间分析像一个二叉树的形状，子带层层分解，每个子带一分为二，传递到下一层，在下一层中重复分解。每层子带的总能量大小一样，只是分辨率不一样。小波包分解选择层数和选用何种母函数分解在下节中描述。

利用小波包理论对变压器的振动信号进行多层分解，该方法能提取变压器铁芯改善前后的铁芯运行状况的特征向量，能建立振动能量变化与铁芯运行状况之间的映射关系。

4.2.2 小波包基的选取原则

小波变换的关键是小波包基和母函数的选择，小波包基选择是否合适关系到计算结果的效率与优劣。符合函数 $\int_{-\infty}^{\infty} \varphi(t)\mathrm{d}t = 0$ 时都可作为小波母函数。如何选择或构造合适的小波包母函数来分析振动故障，是一个具有现实意义及必须解决的重要问题。从理论与实验研究来看，合适的小波函数应具有时频窗口小和消失矩高的主要性能指标。时域或频域在一域中为紧支撑，而在另一域中应为快速衰减；在实际应用中，小波函数的连续导数应有好的正交性、对称性和高阶性。但是如果要全部满足以上条件，则找不出这样的小波母函数，因此在使用时应该根据实际情况有所侧重。也就是说在每一个专业领域都有适合自己的小波母函数。根据实践可知，当小波函数在时域中为紧支撑且具有小时频窗口时，能满足对振动信号的分析。因此对于本研究应以满足这两个约束条件来选择小波函数。

按以上规则，因为 Daubechies 小波具有紧支撑的正交性和双正交性，且具有高的消失矩和好的规则性，计算速度也较快和能实现完全重构，因此本章选用 Db3 小波族中的小波系列母函数。

对于以变压器铁芯振动能量为元素构造的特征向量来说，对于一层及两层小波分解，故障前后能量的特征值差别不大；对于三层小波包分解，其第二个频段的能量特征值减小，第七、八个频段的能量特征值增大，而其他频段值变化不大；对于四层小波包分解，共有 12 个频段的能量特征值发生了明显的变化；可以预见，对于更多层小波包分解，会有更多频段的能量特征值发生明显变化。为简化过程，又要能有效提取故障特征值和保证故障的诊断速度，应选择合理的小波分解层数。综上所述，三层小波分解的结果能提取出有效而简便的判据。

4.2.3 一种提取系统特征的小波变换方法

第一步：对信号进行三层小波包分解，提取第三层的 8 个频率特征分量，其分解结构如图 4-1 所示。

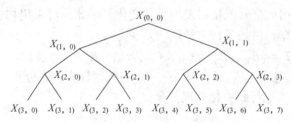

图 4-1 小波包三层分解图

在上图中，(i, j) 表示第 i 层的第 j 个结点，其中，$i = 0, 1, 2, 3$；$j = 0, 1, 2, 3, \cdots, 7$；信号用结点表示。例如，原信号 S 用结点 $(0, 0)$ 表示，第一层低频系数 X_{10} 用结点 $(1, 0)$ 表示，第一层高频系数 X_{11} 用结点 $(1, 1)$ 表示，第三层第 0 个结点的系数用结点 $(3, 0)$ 表示，其余以此类推。

第二步：提取各频带范围的信号对小波包分解系数进行重构。例如，X_{30} 的重构信号用 S_{30} 表示，X_{31} 的重构信号用 S_{31} 表示，其余以此类推。在本研究中，只进行重构分析第三层的所有结点信号，若用 S 表示总信号，则有：

$$S = S_{30} + S_{31} + S_{32} + S_{33} + S_{34} + S_{35} + S_{36} + S_{37} \tag{4-8}$$

如果总的原始信号的最低频率为 1，则提取信号 $S_{3j}(j = 0, 1, 2, 3, \cdots, 7)$ 的 8 个频率成分见表 4-1。

表 4-1　各成分频率范围

信号	频率范围
S_{30}	$\geq 0.125, < 0.250$
S_{31}	$\geq 0.125, < 0.250$
S_{32}	$\geq 0.250, < 0.375$
S_{33}	$\geq 0.375, < 0.500$
S_{34}	$\geq 0.500, < 0.625$
S_{35}	$\geq 0.625, < 0.750$
S_{36}	$\geq 0.750, < 0.875$
S_{37}	$\geq 0.875, < 1.000$

第三步：总能量求解。输入与输出信号的类型或属性是一致的，设总信号 $S_{3j}(j = 0, 1, 2, 3, \cdots, 7)$ 对应的能量为 $E_{3j}(j = 0, 1, 2, 3, \cdots, 7)$，则有：

$$E_{3j} = \int |S_{3j}(t)|^2 \mathrm{d}t = \sum_{k=1}^{n} |x_{jk}|^2 \tag{4-9}$$

其中，信号 S_{3j} 重构后的离散幅值用 $X_{jk}(j = 0, 1, 2, 3, \cdots, 7; k = 0, 1, 2, 3, \cdots, n)$ 表示。

第四步：特征向量的构造。当设备组成的振动系统运行不正常或出现致命性故障时，各频带内的信号能量将发生大的变化，因此，可采用构造特征向量来作为故障的简易判据。可如下构造特征向量 T：

$$T = [E_{30}, E_{31}, E_{32}, E_{33}, E_{34}, E_{35}, E_{36}, E_{37}] \tag{4-10}$$

一般能量 $E_{3j}(j = 0, 1, 2, 3, \cdots, 7)$ 的数值较大，在分析时不方便，因此，可以对特征向量 T 进行归一化处理，令：

$$E = \left(\sum_{j=0}^{n} |E_{3j}|^2 \right)^{1/2} \tag{4-11}$$

则：

$$T' = [E_{30}/E, \ E_{31}/E, \ E_{32}/E, \ E_{33}/E, \ E_{34}/E, \ E_{35}/E, \ E_{36}/E, \ E_{37}/E]$$

$$(4\text{-}12)$$

式中，向量 T' 即为归一化的向量。

第五步：建立故障前后的特征向量数据库及其容差范围。既可以通过分析机理的方法确定特征值和容差范围，也可以通过实验统计的方法确定它们的数值。当系统模型较复杂或不清楚时，无法采用分析机理的方法；在工程应用中，实验统计的方法是较好的，它不依赖于系统的数学模型。本研究采用实验统计的方法确定特征值和容差范围。如果用特征向量值 C_0 表示第一个元素 E_{30}/E，用 ΔC_0 表示容差范围，那么特征值 C_1 表示第二个元素 E_{31}/E，ΔC_1 表示容差范围，C_j 和 $\Delta C_j (j = 0, 1, 2, 3, \cdots, 7)$ 可以用如下公式求出：

$$C_j = \frac{\sum_{k=1}^{n} x_{jk}}{n}, \ n \ \text{为实验次数} \tag{4-13}$$

同理，也可对数值较大的 C_j 值进行归一化处理，令：

$$C = \left(\sum_{j=0}^{7} C_j^2 \right)^{1/2} \tag{4-14}$$

进行归一化处理后的值为：

$$T'_{特征值} = [C_0/C, \ C_1/C, \ C_2/C, \ C_3/C, \ C_4/C, \ C_5/C, \ C_6/C, \ C_7/C]$$

$$(4\text{-}15)$$

容差范围 $\Delta C_j (j = 0, 1, 2, 3, \cdots, 7)$ 为：

$$\Delta C = K\sigma = K \left(\frac{1}{n} \sum_{k=1}^{n} (x_{jk} - C_j)^2 \right)^{1/2} \quad K = 3 \sim 5 \tag{4-16}$$

式中，n 为实验次数；取方差 σ 的 3~5 倍为容差范围。当实验数据重复性较大时或稳定性较好时，n 值可取小些；当实验数据重复性较小或稳定性较差时，n 值可取大些。

4.3 非晶合金变压器磁场分析

当变压器绕组通电后，会在铁芯中产生励磁电流，铁芯中由励磁电流产生的磁通叫主磁通，主磁通大小取决于励磁电流的大小。在额定电压下励磁时产生的主磁通为工作磁通，主磁通是相量，一般可用幅值表示。当变压器中流过负载电流时，就会在绕组周围产生磁通，不沿铁芯主磁通方向流通的磁通叫漏磁通，其大小与变压器容量有直接关系。漏磁场的大小及分布规律决定着变压器绕组的电抗、附加损耗以及变压器金属构件中的杂散损耗，漏磁场还决定着正常运行状态以及事故状态下作用在绕组上的电磁力，并在很大程度上决定着绕组及其他构件的温升。由此可见，漏磁场对变压器特性及参数的影响是非常大的。

变压器的漏磁场除了引起绕组的附加损耗之外，还在变压器油箱壁、拉板、夹件或其他结构件中产生损耗。当磁势均匀分布时漏磁通沿着绕组流通，到达压板和夹件，然后分别经过中心柱和油箱壁返回绕组。在漏磁通经过的铁磁介质结构件中，均会产生涡流损耗和磁滞损耗，并且涡流损耗起决定性的作用。漏磁场在钢结构件中引起的损耗，在工程实践中通常称为杂散损耗。钢结构件主要指夹件、拉板、螺杆和油箱等。

这些漏磁通在钢结构件中引起的问题主要有以下两个方面：

第一，当漏磁通穿过金属结构件时，会在其中产生涡流。对于较小的部件，尽管涡流损耗可以忽略不计，但某些情况下构件中的涡流损耗密度（单位体积中的涡流损耗）却可能很大，形成危险的局部过热点。在一些大容量变压器上，这种局部过热若超过允许的温度，就会因变压器内部局部温度过高，使绝缘件与结构件受到损坏，加速变压器的绝缘老化，久而久之将会危及变压器的安全可靠运行。

第二，对大容量变压器来说，当漏磁通密度超过一定数值时，金属结构件的杂散损耗会显著增加。进入金属结构件中的漏磁通在结构件中会产生涡流，在较大尺寸的部件中，如油箱，由漏磁通引起的涡流损耗可能很大，在大容量变压器的负载损耗中，杂散损耗可达负载损耗的 30% ~ 40%。杂散损耗会大大增加变压器的负载损耗，从而降低变压器的效率。因此，对于现代一些大容量变压器，应从节能的角度出发，通过设计合理的结构、改进工艺或采用替换材料降低杂散损耗。

现在，将计算机有限元分析技术运用于非晶合金变压器的产品研发方面越来越得到变压器制造厂商的重视。通过有限元分析软件 ANSYS 对非晶合金变压器产品设计进行仿真分析，可以有效解决非晶合金变压器生产制作过程中存在的成本问题，分析结果可为产品创新研发提供理论依据。

图 4-2 所示为加入有限元分析前后产品的设计流程，从图中可以看出，加入有限元分析后，可以对产品进行精确设计，绝大部分的产品均能一次性通过测试检验，避免了前期分析研究不足导致的一些不合理的设计，为降低非晶合金变压器制作成本提供了有利条件。在模型试制之前通过 ANSYS 有限元分析准确得到非晶合金变压器铁芯主磁场、夹件漏磁场以及夹件应力场的分布情况，可在变压器厂商对非晶合金变压器进行测试试验时，较好地保证一次性通过测试，以最快的速度进行规模化生产，大大降低样机重复制作的次数，缩减试验费用，缩短非晶合金变压器的开发周期，提高变压器的性能，对带动整个非晶合金变压器行业快速发展，加速非晶合金变压器的普及和推广具有十分重要的意义。

本课题研究的主磁场分布均是非晶合金变压器处于额定运行状态时的稳态分布情况，并且忽略了绕组的涡流效应，非晶铁芯采用 Metglas 2605SA1 材料的 *B-H*

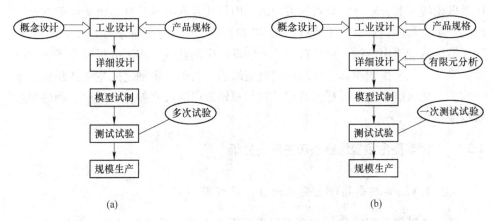

(a)   (b)

图 4-2 产品设计流程

(a) 未引入有限元分析; (b) 引入有限元分析

曲线。以三相非晶合金变压器器身为例, 实际器身模型如图 4-3 所示。

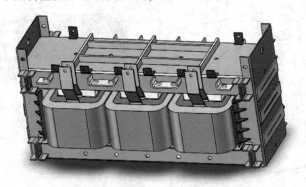

图 4-3 三相非晶合金变压器器身模型

实际模型中的加强筋及角铁和支撑条等部件在有限元分析模型中对铁芯主磁场及夹件漏磁等结果影响均很小, 若考虑这些部件将会大大增加有限元的求解计算时间。因此可以忽略一些影响不大的部件, 如模型当中舍去加强筋、角铁、支撑条及铜排等部件, 只考虑铁芯、线圈及夹件等主要部件, 以加快求解速度。

线圈部分如图 4-4 所示, 高压线圈在外面, 低压线圈在里面, 最内层是矩形的绝缘层, 电流通过铜排进行传递。由图 4-4 可知高

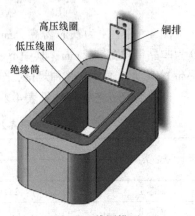

图 4-4 线圈模型

压及低压线圈其长轴方向与短轴方向的线圈尺寸存在差异，这是因为线圈在运行时会产生大量的热量，为了给线圈提供散热条件，因此长轴方向上布置了油道，变压器油从油道中流过，可以带走部分线圈产生的热量。实际分析时不考虑铜排及绝缘层，只考虑线圈部分给线圈加电流激励。长轴与短轴之间主空道距离也不一致，因此对线圈建模时尽量考虑长轴与短轴方向的尺寸差异，折中选择建模参数以减小误差。

4.3.1　单相非晶合金变压器铁芯主磁场分析

4.3.1.1　单相非晶合金变压器铁芯及线圈模型

铁芯由高磁导率的非晶合金带材搭接而成，叠片系数为 0.86，在 Solidworks 中绘制铁芯的三维模型，然后在有限元软件中进行主磁场分析。单相非晶合金变压器铁芯模型如图 4-5 所示。

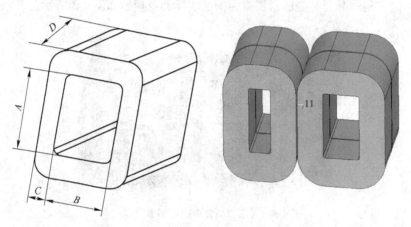

图 4-5　单相非晶合金变压器铁芯参数及模型

图 4-5 中，A 为铁芯窗高，mm；B 为铁芯窗宽，mm；C 为铁芯叠厚，mm；D 为非晶带材宽度，mm；其中下铁轭由于搭接的影响通常其厚度 $E = 1.18C$。非晶带材宽度 D 通常有 3 种规格，分别为 142.24mm、170.18mm 和 213.36mm。

非晶合金铁芯的尺寸见表 4-2。

表 4-2　非晶合金铁芯参数

铁芯类型	尺　寸				叠片系数	铁芯排数
	A/mm	B/mm	C/mm	D/mm		
铁芯 I	230	125	87.5	142.24	0.86	2
铁芯 II	230	75	87.5	142.24		

以采用壳式铁芯的单相非晶合金变压器为模型，铁芯与铁芯之间有 5mm 距离，为了增大变压器容量铁芯采用双排并列的排布方式，前后两排铁芯之间也存在 5mm 距离。

（1）短轴方向线圈尺寸计算如图 4-6 所示。

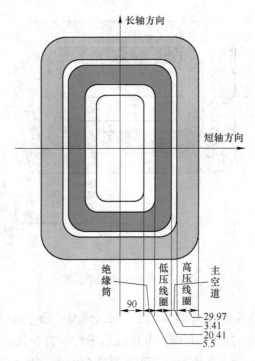

图 4-6　短轴方向线圈尺寸

短轴方向低压线圈厚度为 20.41mm。因为低压绕组采用的是铜箔线圈，铜箔尺寸为 185mm×0.95mm，并且铜箔采用一并一选的方式，低压侧电流大，利用铜箔绕组可以增大载流面积，铜箔的厚度为 0.95mm，低压每相匝数为 18 匝，绝缘厚度为 2.72mm，裕度为 0.59mm，因此短轴低压线圈厚度 h_{dd} 可表示为：

$$h_{dd} = 0.95 \times 18 + 2.72 + 0.59 = 20.41(mm) \tag{4-17}$$

短轴方向高压线圈厚度为 29.97mm。因为高压绕组采用的是圆形导线，圆形导线规格（含绝缘）为 2.24mm×2.24mm，裸导线的规格为 2.12mm×2.12mm，圆形导线采用一并一选的方式，高压绕组共绕制 11 层，绝缘厚度为 4.46mm，裕度为 0.87mm，因此短轴高压线圈厚度 h_{dg} 可表示为：

$$h_{dg} = 2.24 \times 11 + 4.46 + 0.87 = 29.97(mm) \tag{4-18}$$

高低压之间的距离叫做主空道距离，短轴方向主空道距离一般为 3.41mm，绕线模长度为 90mm，从绕线模到低压线圈之间设置了一个 5mm 厚度且绕制裕度为 0.5mm 的绝缘筒。绝缘筒的作用是抵抗低压线圈发生短路时的短路电动力，防止线圈严重变形从而导致线圈毁坏。

（2）长轴方向线圈尺寸计算如图 4-7 所示。

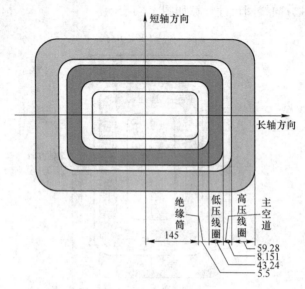

图 4-7　长轴方向线圈尺寸

长轴方向低压线圈厚度为 43.24mm。低压线圈长轴方向较短轴方向多设置了油道，油道总宽度为 12mm，且绕组的出线端子均设置在长轴方向，低压线圈出线铜牌厚度为 4mm，低压线圈首端和末端需两个出线铜牌，因此出线铜牌总厚度为 8mm，低压线圈的叠厚系数为 1.07，故长轴方向低压线圈厚度 h_{cd} 可表示为：

$$h_{cd} = (h_{dd} + 12 + 8) \times 1.07 = (20.41 + 20) \times 1.07 = 43.24 (\text{mm})$$

$$(4\text{-}19)$$

长轴方向高压线圈厚度为 59.28mm。高压线圈长轴方向较短轴方向同样都设置了油道，油道宽度为 16mm，高压线圈出线抽头厚度为 5.24mm，高压线圈首端和末端需两个出线抽头，因此出线抽头总厚度为 10.48mm，低压线圈的叠厚系数为 1.05，故长轴方向高压线圈厚度 h_{cg} 可表示为：

$$h_{cg} = (h_{dg} + 16 + 10.48) \times 1.05 = (29.97 + 26.48) \times 1.05 = 59.28 (\text{mm})$$

$$(4\text{-}20)$$

长轴方向主空道距离一般为 8.151mm，绕线模长度为 145mm，从绕线模到低压线圈之间同样设置了一个 5mm 厚度且裕度 0.5mm 的绝缘筒。

（3）高压线圈与低压线圈轴向高度计算。低压线圈由于采用 185mm × 0.95mm 的铜箔，因此低压线圈轴向高度为 185mm。高压线圈为 2.24mm ×

2.24mm一并一迭的圆形导线,每一层绕组有78匝,但是在轴向的绕制过程中会多出一匝的高度,因此总匝数为79匝,并且有1.04mm的轴向裕度,故高压线圈轴向高度为178mm。

根据长轴与短轴方向及轴向高度尺寸,最终可以得到表4-3所示的高压线圈参数。

表4-3　高压线圈参数

参　　　数	尺　　寸
高压线圈长轴 X_C/mm	203.0855
高压线圈短轴 Y_C/mm	119.645
高压线圈厚度 D_Y/mm	44.625
高压线圈高度 D_Z/mm	178
高压线圈相电流 T_{CUR}/A	10.5
高压线圈圆角半径 R_{AD}/mm	46.86525
高压线圈匝数 N	779

4.3.1.2　有限元分析的单元类型和材料属性

本节分析单相非晶合金变压器在额定运行状态下的铁芯主磁场分布,主磁场分析模型中含有非晶铁芯、线圈及空气三种材料,其单元属性及材料分配见表4-4。

表4-4　单元属性及材料

材料名称	单元及材料编号	单元类型	材料属性
空气	Type 1 及 Material 1	Solid96	MURX = 1
非晶铁芯	Type 2 及 Material 2	Solid96	B-H 曲线
线圈	Type 3 及 Material 3	SOURC36	—

非晶铁芯采用 Metglas2605SA1 材料,其 *B-H* 曲线如图4-8所示。

4.3.1.3　网格剖分

非晶合金变压器在运行时,变压器铁芯处在正弦交变的磁场当中,铁芯中的磁场称为主磁通,主磁通属于工作磁通,为初级和次级绕组传递能量提供媒介,为了更加真实地反映铁芯的主磁通分布,选用扫略网格划分形式,剖分单元尺寸为0.01mm,选择实体Solid96单元进行网格离散,该单元为8节点且具有退化功能的磁实体标量单元。图4-9所示为单相非晶合金变压器主磁场分析的网格剖分

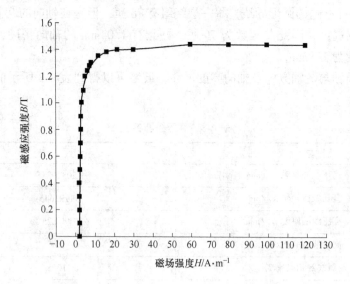

图 4-8   Metglas2605SA1 非晶材料 *B-H* 曲线

图,剖分总节点数为 24844,总单元数为 19872。从剖分结果中可以看出绝大部分的网格非常规则,仅在圆角处存在一些差异,对计算结果影响非常小,可以忽略不计,保证了计算的精度。

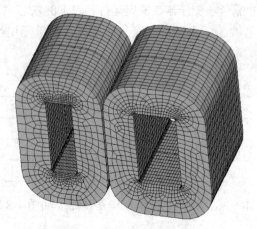

图 4-9   单相主磁场网格剖分

4.3.1.4   激励及边界条件的给定

三相非晶合金变压器的联结组别为 Dyn11,高压侧为三角形连接,有五种运行方式,高压线圈匝数分别对应 818 匝、799 匝、779 匝、760 匝、740 匝,线电压和相电压相同分别对应 10500V、10250V、10000V、9750V、9500V,额定相电流为 10.5A。低压侧为星形连接，低压线圈匝数为 18 匝，相电流等于线电流为 454.7A，相电压为 230.9V，线电压为 400V。本节采用三维静态磁标量法求解主磁场分布，仅对高压线圈进行给定激励，高压线圈额定相电流为 10.5A，高压额定匝数为 779 匝，因此给定电流激励安匝数为 8179.5，空气表面给定为磁力线平行边界条件，由于该条件为自然满足，因此不用另外说明。

4.3.1.5 主磁场分析结果

单相非晶合金变压器在额定运行状态下的铁芯主磁场分析结果如图 4-10 所示，图 4-10（a）和图 4-10（b）分别给出了铁芯磁通密度节点云图和矢量分布图。

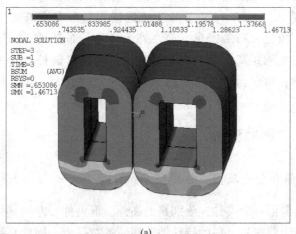

(a)

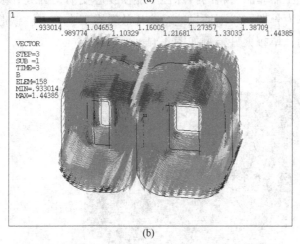

(b)

图 4-10　单相非晶合金变压器铁芯主磁场分布

扫码看图 4-10 彩图

（a）磁通密度节点云图；（b）磁通密度矢量分布图

　　额定工作条件下，磁通密度节点云图可直接显示铁芯各部位的磁通密度值，而磁通密度矢量分布图可显示磁力线的方向和大小。根据磁通密度分布图4-10（a），非晶合金铁芯主磁场基本呈现左右对称，但下铁轭比上铁轭磁通密度分布更不均匀，这是由下铁轭的厚度比上铁轭略厚引起的。铁芯最大磁通密度为 1.47T，主要分布于铁芯内框倒角处；最小磁通密度为 0.65T，主要分布于铁芯下铁轭和外框倒角处；铁芯心柱部分磁通密度分布比较平均，且磁通密度值较大，为 1.29T。由于铁芯材料磁化过程中会逐渐达到饱和，通常将变压器稳定运行的磁通密度设计在磁化曲线的拐点处，图 4-8 显示非晶合金铁芯的磁化曲线中的饱和点在 1.56T，仿真结果显示铁芯最大磁通密度为 1.46T，这验证了仿真结果的正确性。磁通密度是垂直穿过单位面积的磁力线，在数值上反映磁力线的疏密程度。图 4-10（b）显示主磁通磁力线分布全部集中在铁芯内部，其中在铁芯内倒角处分布最密集，而在外倒角处分布最稀疏，这是因为磁力线通过铁芯内倒角处的距离最短，而通过外倒角时距离最长。通过分析单相铁芯磁力线分布规律，可以得到铁芯在内倒角磁通密度最大，外倒角处磁通密度最小。

4.3.2　单相非晶合金夹件漏磁场分析

4.3.2.1　单相非晶合金变压器夹件模型

　　单相非晶合金模型包括 4 个夹件，分别是上夹件、下夹件、左侧夹件及右侧夹件，由于非晶合金变压器非晶材料的特殊性不能使铁芯受力，因此在装配非晶变压器时通常将线圈作为骨架，线圈通过绝缘垫片放置在下夹件上，铁芯挂在线圈上面受到重力的作用，单相夹件模型如图 4-11 所示。

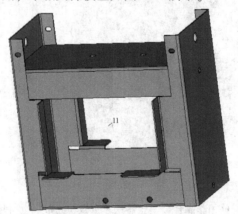

图 4-11　单相非晶合金变压器夹件模型

4.3.2.2 有限元分析的单元类型和材料属性

漏磁场分析模型单元属性及材料分配见表 4-5。非晶铁芯仍然采用 Metglas2605SA1 材料的 *B-H* 曲线。

表 4-5 单元属性及材料

材料名称	单元及材料编号	单元类型	材料属性
空气	Type 1 及 Material 1	Solid96	MURX = 1
非晶铁芯	Type 2 及 Material 2	Solid96	*B-H* 曲线
线圈	Type 3 及 Material 3	SOURC36	—
夹件	Type 4 及 Material 4	Solid96	MURX = 200

夹件漏磁场与铁芯主磁场分析时的材料类似，其中空气、非晶铁芯及线圈单元的材料属性均保持一致，4 个夹件采用 Q235-A 低碳钢钢板，Q235-A 材料是线性导磁材料，密度为 7850kg/m³。

4.3.2.3 网格剖分

由于变压器在运行时磁通主要经过铁芯流通成为工作磁通，夹件上的磁通相比主磁通小很多，但为了更加准确反映出夹件上的漏磁场，对夹件网格进行适当加密，靠近铁芯及线圈的地方由于漏磁分布较多，因此网格尺寸加密，设定为 0.01，4 个夹件共划分出 67313 个节点和 201644 个单元，节点数比单元数少的原因是 Solid96 单元在网格划分过程中了出现了一个单元共用一个或多个节点的情况，最终得到的网格结果如图 4-12 所示。

图 4-12 单相漏磁场网格剖分

4 个夹件网格剖分数据见表 4-6。

表 4-6 4 个夹件的网格剖分数据

夹 件	节点数	单元数
上夹件	11362	33064
下夹件	23174	69664
左侧夹件	16915	50971
右侧夹件	15862	47965
总单元与节点数	67313	201664

4.3.2.4　激励及边界条件的给定

对高压线圈给定安匝数 8179.5，空气外表面给定磁力线平行条件，该条件为自然边界条件，软件自动满足。

4.3.2.5　漏磁场分析结果

单相非晶合金变压器夹件漏磁场分析结果如图 4-13 所示。　扫码看图4-13彩图

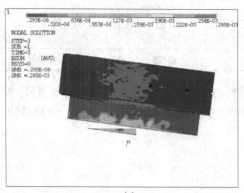

(a)

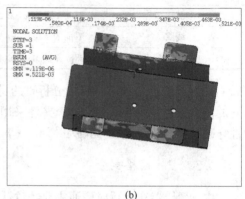

(b)

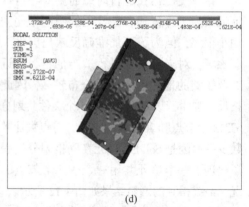

(c)　　　　　　　　　　　　　　　(d)

图 4-13　单相非晶合金变压器夹件漏磁场分布
（a）上夹件漏磁分布；（b）下夹件漏磁分布；（c）左侧夹件漏磁分布；（d）右侧夹件漏磁分布

图 4-13（a）所示上夹件漏磁通密度最小值为 0.293×10^{-6}T，最大值为 0.285×10^{-3}T；图 4-13（b）所示下夹件漏磁通密度最小值为 0.119×10^{-6}T，最大值为 0.521×10^{-3}T；图（c）所示左侧夹件漏磁通密度最小值为 0.170×10^{-6}T，最大值为 0.188×10^{-3}T；图（d）所示右侧夹件漏磁通密度最小值为 0.372×10^{-7}T，最大值为 0.621×10^{-4}T。

对比分析上夹件与下夹件可知上夹件漏磁总体分布情况较下夹件大，下夹件漏

磁通密度峰值仅出现在某些局部点，这是由于上下夹件结构不一致。在上夹件的中间部位，即大铁芯与小铁芯连接部位漏磁密度分布较下夹件大，这是由于铁芯的叠厚存在差异，铁芯下铁轭由于搭接的原因其厚度是其他铁轭部位的 1.18 倍，根据第 4 章 4.3.1 节得到的单相铁芯主磁场分析结果可知，铁芯下铁轭自身磁通密度值比其他部位小了很多，因此上夹件的漏磁通密度总体分布大于下夹件。

对比分析左侧夹件与右侧夹件可知左侧夹件漏磁通密度幅值较右侧夹件大，因为右侧夹件靠近大铁芯，其距线圈的距离相比左侧夹件远。左侧夹件与右侧夹件的共同特点是侧夹件靠近线圈端部的地方的漏磁通密度分布偏大，接近线圈中部的漏磁通密度分布偏小。

综合分析 4 个夹件漏磁分布结果可知，距离线圈越近的地方漏磁分布值越大，距离线圈越远的地方漏磁分布值越小；左右侧夹件越靠近线圈端部漏磁分布值越大，越接近线圈中部漏磁分布值越小。

为进一步分析上下夹件及左右夹件在同一路径上的漏磁分布情况，分别在上夹件与下夹件的长度及宽度的中间位置取一条路径，长度方向路径起点为 a 点，终点为 b 点；宽度方向路径起点为 c 点，终点为 d 点。同时在左侧与右侧夹件的高度及宽度的中间位置取一条路径，高度方向路径起点为 e 点，终点为 f 点；宽度方向路径起点为 g 点，终点为 h 点。上夹件与下夹件的结构有些差异，但不影响路径的选取，这里以下夹件为例说明上下夹件在长度及宽度方向上的路径，上下夹件长度与宽度方向的路径示意图如图 4-14 所示。左侧夹件与右侧夹件结构完全一致，左右夹件高度与宽度方向的路径示意图如图 4-15 所示。

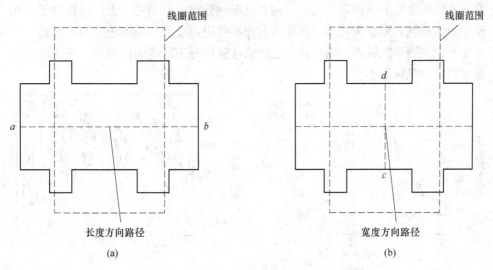

图 4-14　上下夹件长度与宽度路径

(a) 长度方向；(b) 宽度方向

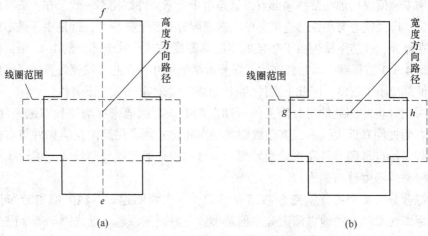

图 4-15　左右夹件高度与宽度路径

（a）高度方向；（b）宽度方向

　　根据上述路径得到上夹件与下夹件在长度及宽度路径上的漏磁分布，如图 4-16所示，左侧夹件与右侧夹件在高度及宽度路径上的漏磁分布如图 4-17 所示。

　　根据图 4-16 和图 4-17 结合图 4-11 可知，上夹件漏磁分布在长度方向路径 a 点至 b 点的长度方向上较为接近，且长度方向的路径两端点（a 点及 b 点）由于距离线圈较远，故漏磁磁感应强度非常低。但在路径 c 点至 d 点宽度方向上夹件明显大于下夹件，所以上夹件的漏磁分布总体较下夹件大，这是由于非晶合金铁芯下铁轭厚度较上铁轭厚度大。左侧夹件漏磁分布较右侧夹件大，这是由于单相模型的两种铁芯模型窗宽不一致导致右侧夹件距离线圈的距离较左侧夹件远，且高度方向在线圈区域内线圈中部漏磁磁感应强度分布较线圈两端小，在线圈中部漏磁磁感应强度最小。

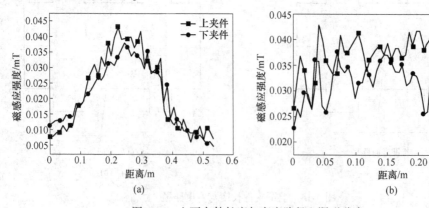

图 4-16　上下夹件长度与宽度路径上漏磁分布

（a）长度方向；（b）宽度方向

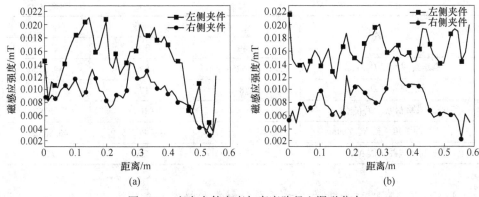

图 4-17 左右夹件高度与宽度路径上漏磁分布

（a）高度方向；（d）宽度方向

4.3.3 三相非晶合金变压器铁芯主磁场分析

4.3.3.1 三相非晶合金变压器铁芯及线圈模型

三相非晶合金变压铁芯主磁场分析和单相分析模型一样均是由 Solidworks 绘制铁芯模型再导入至 ANSYS 软件中进行电磁场分析，铁芯参数与单相模型一致，同样采取两排并列的方式，三相铁芯模型如图 4-18 所示。

图 4-18 三相非晶合金变压器铁芯模型

A、B、C 三相高压线圈参数见表 4-7 所示，A 相与 C 相都为逆时针方向的电流，B 相是顺时针方向的电流，其余参数与单相模型保持一致。

表 4-7 三相高压线圈参数

参　　数	尺　　寸		
	A 相	B 相	C 相
高压线圈长轴 X_C/mm	203.0855	203.0855	203.0855
高压线圈短轴 Y_C/mm	119.645	119.645	119.645

参　　数	尺　　寸		
	A 相	B 相	C 相
高压线圈厚度 D_Y/mm	44.625	44.625	44.625
高压线圈高度 D_Z/mm	178	178	178
高压线圈相电流 T_{CUR}/A	10.5	-10.5	10.5
高压线圈圆角半径 R_{AD}/mm	46.86525	46.86525	46.86525
高压线圈匝数 N	779	779	779

4.3.3.2　有限元分析的单元类型和材料属性

三相模型与单相模型的单元类型编号及材料属性等完全一致，具体分配见3.4 节单相模型的材料属性及单元分配表，非晶铁芯仍采用 Metglas2605SA1 材料，磁场强度与磁感应强度关系参照单相模型 B-H 曲线。

4.3.3.3　网格剖分

三相网格划分方式与单相分析模型保持一致，同样采用扫略的网格剖分形式，单元尺寸仍为 0.01mm，图 4-19 所示为三相非晶合金变压器主磁场分析的网格剖分图，剖分总节点数为 49386，总单元数为 39456，网格剖分质量整体均较好，可以提高分析的计算准确度。

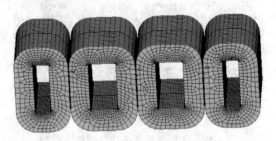

图 4-19　三相主磁场网格剖分

4.3.3.4　激励及边界条件的给定

三相分析模型共有 A、B、C 三相对称高压线圈，线圈尺寸均一致，高压额定运行状态下线圈匝数为 779 匝，相电流为 10.5A，A 相与 C 相线圈电流一致，给定电流激励安匝数为 8179.5，B 相线圈给定电流激励安匝数为 -8179.5。空气表面是磁力线平行边界条件，磁力线平行边界条件由软件自动满足，不需要其他设定。

4.3.3.5 主磁场分析结果

三相非晶合金变压器在额定运行状态下铁芯主磁场分析结果如图 4-20 所示，图 4-20（a）和图 4-20（b）分别给出了铁芯磁通密度节点云图和矢量分布图。由图 4-20 可以看出，图 4-20（a）所示云图磁通密度最大值为 1.47175T，最小值为 0.650254T，图 4-20（b）所示矢量图磁通密度最大值为 1.4522T，最小值为 0.932327T。三相结果与单相结果相差不大，三相模型中间 4 只大铁芯磁通密度值较大，更接近于非晶材料的饱和状态，旁边小铁芯仍然在圆角处磁通密度值较大，下铁轭由于横截面积大的原因总体磁通密度值仍偏小。图 4-20（b）显示三相铁芯磁力线沿中心基本对称，无磁力线紊乱等现象。三相非晶合金铁芯的 A、B、C 相磁路之间相互存在关联，但由于三相磁路之间的距离不同，B 相磁路较短而磁阻最小，左右的 A、C 相磁路更长而磁阻最大，因此磁通在通过铁芯时随着距离的增加逐渐减弱，导致两侧铁芯通过磁力线较稀疏，中间铁芯通过磁力线更密集。通过分析三相非晶合金铁芯磁力线分布规律，可以得到三相铁芯中柱、上铁轭和内倒角磁通密度值最大，外倒角处磁通密度值最低。

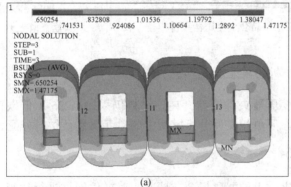

(a)

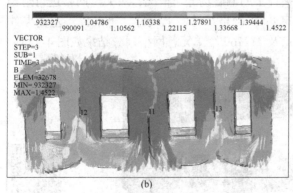

(b)

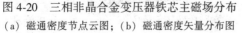

图 4-20　三相非晶合金变压器铁芯主磁场分布
（a）磁通密度节点云图；（b）磁通密度矢量分布图

扫码看图 4-20 彩图

4.3.4   三相非晶合金夹件漏磁场分析

4.3.4.1   三相非晶合金变压器夹件模型

三相模型与单相夹件模型一样均由上夹件、下夹件、左侧夹件及右侧夹件构成，与单相模型不同之处是三相铁芯模型由四大四小共 8 只铁芯构成，4 只小铁芯分布在两侧，4 只大铁芯在中间，非晶铁芯前后两排放置，单相模型左侧夹件靠近小铁芯，右侧夹件靠近大铁芯，而三相模型左侧与右侧夹件均靠近小铁芯。三相夹件模型如图 4-21 所示。

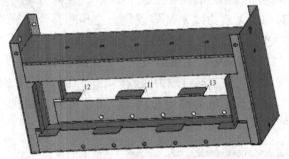

图 4-21   三相非晶合金变压器夹件模型

扫码看图 4-21 彩图

4.3.4.2   有限元分析的单元类型和材料属性

对于三相非晶合金变压器夹件模型，夹件材料仍采用 Q235-A 低碳钢板，具体单元属性及材料分配参照单相夹件分析模型中的单元属性及材料分配表。

4.3.4.3   网格剖分

为了更加准确反映夹件上的漏磁场分布情况，对夹件网格进行适当加密，靠近铁芯及线圈的地方给定 0.01 网格尺寸，上夹件、下夹件、左侧夹件及右侧夹件共划分出 73145 个节点及 212769 个单元，网格划分结果如图 4-22 所示。

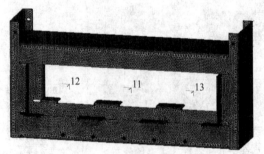

图 4-22   三相漏磁场网格剖分

扫码看图 4-22 彩图

上夹件、下夹件、左侧夹件及右侧夹件网格剖分数据见表4-8。

表 4-8 4 个夹件网格剖分数据

夹 件	节点数	单元数
上夹件	23360	68320
下夹件	27880	80881
左侧夹件	10952	31782
右侧夹件	10953	31786
总单元与节点数	73145	212769

4.3.4.4 激励及边界条件的给定

三相夹件漏磁场分析模型 A、B、C 三相高压线圈安匝数分别给定为 8179.5、−8179.5、8179.5，空气外表面给定磁力线平行边界条件，该条件为自然边界条件，无需给定，软件自动满足。

4.3.4.5 漏磁场分析结果

三相非晶合金变压器夹件漏磁场分析结果如图 4-23 所示。 扫码看图 4-23 彩图

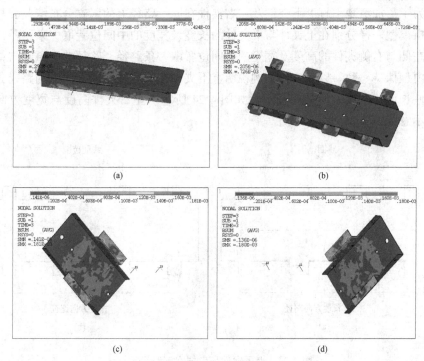

(a)

(b)

(c)

(d)

图 4-23 三相非晶合金变压器夹件漏磁分布

（a）上夹件漏磁分布；（b）下夹件漏磁分布；（c）左侧夹件漏磁分布；（d）右侧夹件漏磁分布

　　图 4-23（a）所示上夹件漏磁通密度最小值为 $0.292×10^{-6}$ T，最大值为 $0.424×10^{-3}$ T；图 4-23（b）所示下夹件漏磁通密度最小值为 $0.205×10^{-6}$ T，最大值为 $0.726×10^{-3}$ T；图 4-23（c）所示左侧夹件漏磁通密度最小值为 $0.141×10^{-6}$ T，最大值为 $0.181×10^{-3}$ T；图 4-23（d）所示右侧夹件漏磁通密度最小值为 $0.136×10^{-6}$ T，最大值为 $0.180×10^{-3}$ T。对比上夹件与下夹件可知，上夹件漏磁总体分布情况较下夹件大，下夹件漏磁通密度峰值仅出现在某些局部点，根据第 4 章 4.3.3 节得到的三相铁芯主磁场分析结果可知铁芯下铁轭自身磁通密度值比其他部位小，因此上夹件的漏磁通密度总体分布大于下夹件。

　　对比分析左侧夹件及右侧夹件可知左侧夹件与右侧夹件总体漏磁通密度分布基本一样，仅在极大值及极小值存在一些差异，这是由于三相模型左侧夹件与右侧夹件均是靠近 4 只小铁芯，在结构上呈对称。左侧夹件与右侧夹件一个共同特点为：侧夹件越靠近线圈端部的区域的漏磁通密度分布较大，接近线圈中部的漏磁通密度分布较小。

　　综合分析 4 个夹件漏磁分布结果可知，距离线圈越近的地方漏磁分布越大，越远的地方漏磁越小。左右侧夹件越靠近线圈端部漏磁分布值越大，越接近线圈中部漏磁分布值越小。

　　为了更加清楚了解上下夹件及左右夹件在同一路径上的漏磁分布情况，与单相分析模型一样分别在上夹件与下夹件的长度及宽度的中间位置取一条路径，同时在左侧与右侧夹件的高度及宽度的中间位置取一条路径，路径选取原则与单相分析模型保持一致。以下夹件为例说明上下夹件在长度及宽度方向上的路径，上下夹件长度与宽度方向的路径示意如图 4-24 所示。左右夹件高度与宽度方向的路径示意如图 4-25 所示。

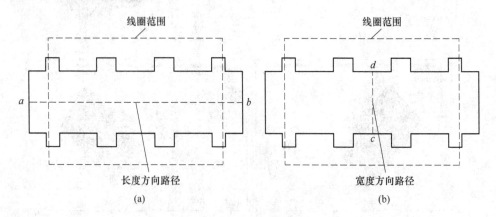

图 4-24　上下夹件长度与宽度路径示意

（a）长度方向；（b）宽度方向

根据上述路径得到上夹件与下夹件在长度及宽度路径上的漏磁分布，如图 4-26所示，左侧夹件与右侧夹件在高度与宽度路径上的漏磁分布如图 4-27 所示。

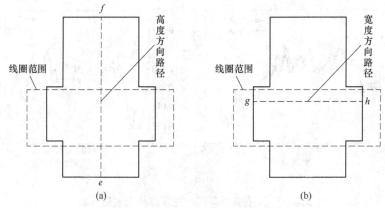

图 4-25　左右夹件高度与宽度路径示意图
（a）高度方向；（b）宽度方向

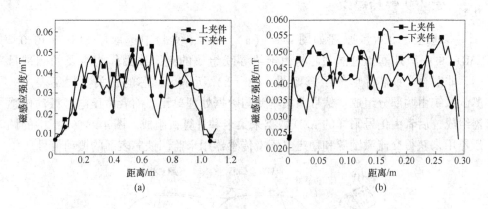

图 4-26　上下夹件长度与宽度路径上漏磁分布
（a）长度方向；（b）宽度方向

由图 4-26 和图 4-27 结合图 4-23 可知，上下夹件漏磁分布在长度方向路径 a 点至 b 点上较为一致，在路径的中间位置漏磁磁感应强度大于路径两端，这是由于三相模型铁芯主磁场分布中，中间 4 只大框铁芯主磁场分布高于两旁小框铁芯，因此 a 点及 b 点处漏磁磁感应强度达到最小。但在宽度方向路径 c 点至 d 点中上夹件明显大于下夹件，因此上夹件的漏磁分布总体较下夹件大。左侧夹件与右侧夹件不论是在高度方向或是宽度方向其分布几乎一样，这是由于三相模型左侧夹件及右侧夹件均靠近小铁芯，在结构上呈现对称状态，且 A 相及 C 相线圈给的安匝大小及方向完全一致，因此左侧夹件与右侧夹件漏磁通分布在高度及宽度两个方向均保持一致。左侧夹件及右侧夹件在高度方向线圈区域内线圈中部漏磁磁感应强度分布较线圈两端小，在线圈中部漏磁磁感应强度最小。

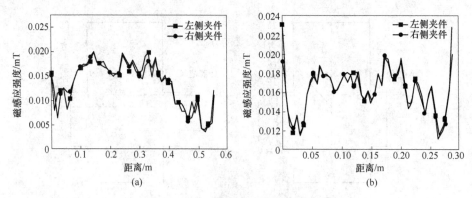

图 4-27　左右夹件高度与宽度路径上漏磁分布
(a) 高度方向；(b) 宽度方向

4.4　实验装置与程序

多通道振动测量原理如图 4-28 (a) 所示，实验中选取了 SBH15-10/0.4 AMDT 的一只外框和内框铁芯与由绝缘导线组成的激励线圈作为主要的测试目标。非晶合金铁芯外形的示意如图 4-28 (b) 所示，铁芯的相关参数见表 4-9。测试系统由两部分组成：信号采集单元与数据处理单元。前者由压电型振动传感器组成，后者由信号采样的 A/D 数据采集卡和计算机组成。图 4-28 (a) 中的调压器用来获得交流激励源和稳定电压，传感器用来监测铁芯表面的振动信号。

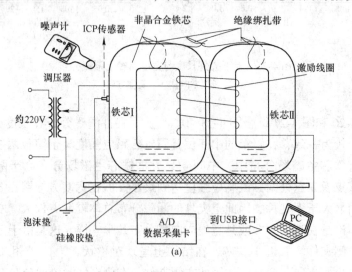

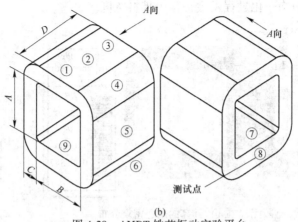

(b)

图 4-28 AMDT 铁芯振动实验平台

（a）测试装置；（b）铁芯上传感器的布置

表 4-9 AMDT 铁芯和激励线圈参数

名称	尺寸				铁芯叠片系数	线圈匝数
	A/mm	B/mm	C/mm	D/mm		
铁芯 I	105	100	30.5	142.24	0.84	24
铁芯 II	105	50	30.5	142.24	0.84	

　　振动传感器、噪声计和数据采集卡的选择在第 2 章已介绍过，本章不再重述。

　　为了准确、科学地选择铁芯表面的采样位置，AMDT 铁芯的主磁通密度采用有限元方法（FEA）进行计算。当电流通过激励线圈时，有如下电磁关系[21]：

$$\nabla \times \frac{1}{\mu}(\nabla \times \boldsymbol{A}) = \boldsymbol{J}_s - \sigma \frac{\partial \boldsymbol{A}}{\partial t} \tag{4-21}$$

式中，μ 为磁导率，H/m；$\boldsymbol{A}$ 为向量磁位；$\boldsymbol{J}_s$ 为电流密度，A/mm^2；σ 为电导率，S/m。

　　电磁感应密度定义为：

$$\boldsymbol{B} = \nabla \times \boldsymbol{A} \tag{4-22}$$

　　当激励线圈施加 53.4V 交流电压时，磁通密度在铁芯中的分布计算结果如图 4-29 所示。此时铁芯的磁化电流为 0.015A，平均磁通密度为 1.337T。从图 4-29 可以看出，磁力线通过铁芯的内侧转角处有高磁通密度，这意味着此处的磁致伸缩比其他部位要大。根据 Azuma 和 Hasegawa[22] 利用一种宽范围的 Kerr 效应磁畴观测系统进行研究的结果，随着频率增加，带材边缘的磁畴数量成倍增加，但是实际上这种现象不仅仅出现在带材的边缘，也出现在带材的中央。这表明，随着频率增加，磁化的均一化过程发生在整个带材宽度。

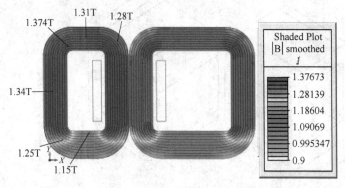

图 4-29　有限元（FEA）计算的磁通密度分布　　　　扫码看图 4-29 彩图

　　根据以上计算和描述，在铁芯的外转角处④和⑥的位置放置传感器，因上铁轭和心柱的磁通密度分布较均匀，因此传感器被放在上铁轭的中间位置①、②和③；在心柱中间放在位置⑤。下铁轭的磁通密度比其他部位要低，传感器放在位置⑦、⑧和⑨，以验证该位置的微弱振动。传感器在铁芯上整体布置如图 4-28（b）所示。

　　当电压施加在激励线圈上时，传感器和噪声计分别采集振动信号和噪声信号。硅橡胶和泡沫垫放在铁芯下面，铁芯的外周围和上铁轭分别用绝缘带绑扎。在实验期间，由计算机记录铁芯的振动特性，噪声计记录铁芯噪声的声压级。为了使波形更流畅，通过 FFT 和 WPT 后没有频率遗漏，采集卡的采样频率设置为 32kHz。

4.5　实验结果及分析

4.5.1　不同的减振垫对铁芯振动特性的影响

　　非晶合金铁芯下面垫泡沫和硅橡胶减振垫，按图 4-28 描述的振动测试平台对 AMDT 铁芯进行测试。图 4-30 所示为 AMDT 铁芯典型的振动时域和频域波形。从图中可以看出，振动信号是周期性的，振动频率集中在 0~600Hz，最大振幅出现在 200Hz，振动幅值大约为 110mV。由图 4-30（b）可知，铁芯的振动频率是 100Hz 的整数倍。磁致伸缩的非线性将导致更高的谐波频率成分。在频率大于 600Hz 以上时，振动幅值接近于零，说明频率越高的部分，对非晶合金铁芯振动的贡献越小。

　　由式（4-7）可知，铁芯的振动加速度与 2 倍基本频率和励磁电压平方成正比。Chukwuchekwa[23]等人的研究成果表明，减小磁致伸缩能减小 AMDT 铁芯的振动与噪声。

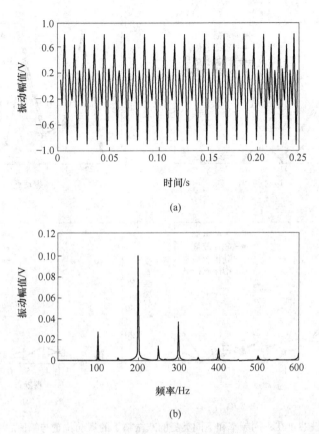

图 4-30 非晶合金铁芯典型的振动波形
(a) 时域波形；(b) 频域波形

图 4-31 所示是铁芯 I 在位置 1～9 和铁芯下面垫不同的减振垫后振动幅值与频率的关系。由图 4-31 (b) 可以看出，在铁芯下面没有减振垫时，位置 2 的振幅最大。从图 4-31 (a)、(b) 和 (c) 可以看出，位置 2 和 5 在 100Hz、200Hz 和 300Hz 时振动的幅值比其他点要大。从图 4-31 (d) 中可以看出，在铁芯下面没有垫减振垫时，400Hz 时，位置 7 的振幅最大。

由图 4-31 (a) 可以看出，在 100Hz 时，位置 2 振幅最大。铁芯下面没有减振垫时，铁芯 I 上铁轭的位置 1～3 的振动幅值分别为 10.6mV、44.1mV 和 24.2mV；当铁芯下面垫上泡沫与硅橡胶作为减振垫时，铁芯 I 上铁轭的位置 1～3 的振动幅值分别为 7.54mV、46.4mV 和 10.4mV。在 100Hz 时，铁芯下面垫上减振垫后，对位置 2 的振动幅值减少没有任何贡献。在铁芯 I 上铁轭的中部位置 2 比位置 1 和 3 有更大的振动幅值，因为垂直卷绕方向的拉应力在铁芯中间易于集中，而边缘两侧更易减小。

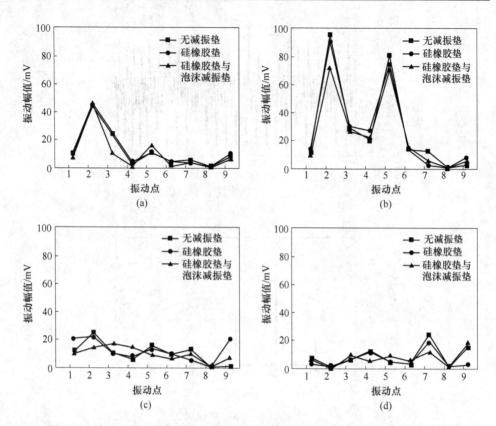

图 4-31　铁芯 I 在不同频率和不同类型的减振垫下的振动位置与幅值之间的关系

（a）100Hz；（b）200Hz；（c）300Hz；（d）400Hz

在铁芯 I 下面没有减振垫时，上铁轭位置 4 ~ 6 的振幅分别为 2.3mV、11.2mV 和 4.5mV。在铁芯 I 下面有硅橡胶和泡沫减振垫时，上铁轭位置 1~3 的振幅分别为 0.6mV、15.8mV 和 1.3mV。铁芯 I 的心柱上，中部位置 5 比位置 4 和 6 有更大的振幅，这是因为铁芯的卷绕应力集中于铁芯中部。根据图 4-29，位置 4 和 6 有较大的磁通密度，但振幅反而减小，因为这两个位置的卷绕压力束缚了由磁致伸缩引起的振动。

在铁芯 I 下面没有减振垫时，下铁轭位置 7~9 的振动幅值分别为 6.1mV、1.3mV 和 8.4mV；当铁芯 I 下面有硅橡胶与泡沫减振垫时，上铁轭位置 1~3 的振动幅值分别为 4mV、0.4mV 和 6.9mV；位置 8 的振动幅值接近于零，因为它平行于铁芯带材的卷绕方向，铁芯的磁致伸缩引起的振动对其几乎无影响。

从图 4-31（b）可看出，在 200Hz 时位置 2 和 5 振幅比其他位置更大。在铁芯 I 下面没有减振垫时，上铁轭位置 1~3 的振动幅值分别为 10.9mV、96mV 和 28.7mV；在铁芯 I 下面垫的泡沫和硅橡胶减振垫时，上铁轭位置 1~3 的振动幅

值分别为 9.2mV、72.4mV 和 26.3mV；在铁芯 I 下面没有减振垫时，上铁轭位置
4~6 的振动幅值分别为 20.3mV、80.9mV 和 13.3mV；在铁芯 I 下面垫的泡沫和
硅橡胶减振垫时，上铁轭位置 4~6 的振动幅值分别为 22mV、71mV 和 14.8mV；
在铁芯 I 下面没有减振垫时，位置 7~9 的振动幅值分别为 12.5mV、0.77mV 和
2.62mV；在铁芯 I 下面垫有泡沫和硅橡胶减振垫时，位置 7~9 的振动幅值分别
为 5.4mV、0.4mV 和 5.2mV；因此在铁芯下垫减振垫能减小铁芯的振动。

在 300Hz 时，各位置的振动规律与 100Hz、200Hz 时是一致的。图 4-31（d）
表明：在 400Hz 时，位置 2 和 5 的振幅较小，可能是该处的磁通密度较小，铁芯
的磁化程度较浅，没有激励出铁芯磁致伸缩的高频分量。在 400Hz 时，位置 7 和
9 的振幅比其他位置要大，这是由于铁芯的自重对于下铁轭铁芯振动幅值有
影响。

图 4-32 所示为铁芯 II 在不同频率和铁芯下面垫不同的减振垫后各位置振动
幅值与频率的关系。

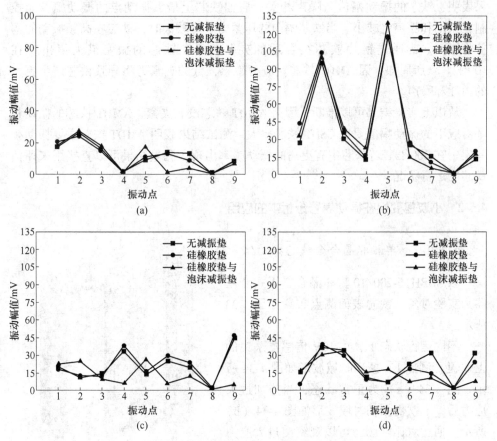

图 4-32 铁芯 II 在不同频率和不同的减振垫下的振动位置与振动幅值的关系
(a) 100Hz；(b) 200Hz；(c) 300Hz；(d) 400Hz

图 4-32（a）表明，在铁芯下面有硅橡胶和泡沫减振垫时，在 100Hz 时，位置 2 的振幅最大为 26.5mV。在 100Hz 时，铁芯下面的减振垫对位置 2 的振动减弱几乎没有作用。这种变化趋势与铁芯 I 相似，如图 4-31（a）所示。

图 4-32（b）表明，在 200Hz，铁芯下面垫有硅橡胶和泡沫减振垫时，位置 2 和 5 的振幅比铁芯下面没有减振垫时的振动幅值要大。这可能是铁芯 II 的 B 尺寸（窗口宽）太小，需承受较大的扭曲和弯曲应力。

图 4-32（c）表明，在 300Hz 时，铁芯振动的趋势与铁芯 I 相似，如图 4-31（c）所示。与图 4-31（c）相比，图 4-32（d），在 400Hz，铁芯下面垫有硅橡胶和泡沫减振垫时，位置 2、4、5 和 6 的振动幅值是有些反常，可能是因为铁芯的结构导致更大振幅。很显然，铁芯 II 转角处的压应力在一定程度上限制铁芯磁致伸缩行为。但位置 5 的压应力几乎不存在，另外位置 5 也离位置 4 和 6 较远，与位置 4 和 6 相比，位置 5 振动幅值较大。

图 4-31 和 4-32 揭示了不同频率下铁芯振动幅值与不同位置的关系。测试结果表明，铁芯的振动幅值与噪声相关。假如铁芯上最大振动点的振动幅值能控制，振动和噪声将减小。当铁芯幅向的压紧力下降较大时，铁芯在高频振动的幅值将增大。普通硅钢片铁芯在合适的夹紧力下，铁芯的振幅最大值出现在 100Hz。众所周知，因 AMDT 铁芯对应力敏感，低的夹紧力将导致铁芯产生更大的损耗和噪声。

从以上实验结果可以推断，因为 AMDT 铁芯没有夹紧，AMDT 铁芯的振动频率对应下的振动幅值要比 CSDT 铁芯要大。测试结果表明 AMDT 铁芯主要振动频率集中在 200Hz。若铁芯中有更高的振动频率出现，测量结果可以直接用来评估铁芯的运行状况[24]。

4.5.2　小波包变换在振动信号分析中的应用

4.5.2.1　单相非晶合金铁芯振动信号分析

以 SCBH15-200/10 型非晶合金干式变压器为实验对象，铁芯表面测点布置如图 4-33 所示。

不同运行状态下，由 ICP 传感器采集的上铁轭（测点 1）振动时域波形如图 4-34 所示。图 4-34（a）为正常状态，当施加过大应力后，上铁轭振动时域波形如图 4-34（b）所示。通过对比两图，可以观察出过大应力导致铁芯振动幅值比正常状态有所增加，但

图 4-33　传感器在铁芯上位置

无法从图中的幅值变化量分析出振动信号在哪段频率范围内发生了改变，更无法根据时域图分析变压器铁芯是否发生故障以及故障程度。因此有必要研究能更具体、全面体现铁芯运行的状态检测方法。

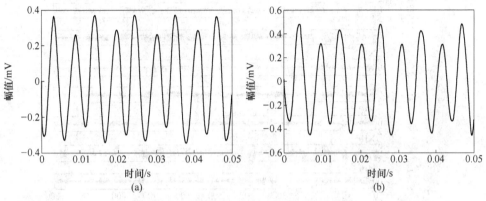

图 4-34　不同状态下铁芯振动时域波形
（a）正常状态；（b）过大应力

采用 WPT 对非晶合金铁芯振动信号进行时-频域分析，利用提取能量特征值的方法，建立一种能量与铁芯状态之间的映射关系，将振动能量特征值作为检测铁芯运行状态的判断标准，并以正常运行状态和过大压紧力下铁芯振动信号能量特征值为例对所述方法进行说明。铁芯运行状态检测流程如图 4-35 所示，它包括振动信号的采集、WPT 分解、能量特征值提取和状态判断 4 个步骤。

A　正常状态下实验结果与分析

采用 4.2.2 章节中设计的 WPT 提取能量特征值的方法，以振动强度最大的铁芯上铁轭为例，将采集的振动时域信号经三层 WPT 分解和重构后得到频率分量，如图 4-35 所示。

图 4-36 中，S130～S137 分别为三层小波包分解后的 8 个特征分量。在这 8 个信号分量中，与原信号 S1 的信号的幅值和波形趋于一致的是信号 S130，说明 S130 能够代表原信号所有特征，而后面的频率分量的幅值与原信号相差较大。第 3 章中已证明非晶合金铁

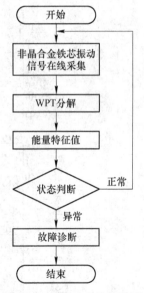

图 4-35　铁芯状态检测流程

芯振动信号为低频信号，振动基频为 100Hz，且频率越高振动幅值越低。因此低频分解的信号分量 S130 最能体现原铁芯振动信号的特征。

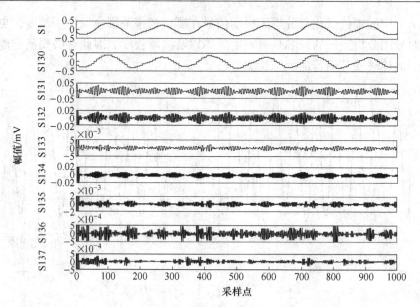

图 4-36　正常状态上铁轭振动信号小波包分解后频率分量

上铁轭振动信号各频率分量的功率谱如图 4-37 所示，从图中可以观察出，

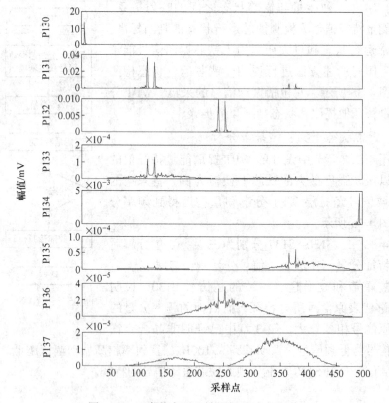

图 4-37　正常状态下上铁轭振动功率频谱

信号分量频率越高，功率值越低，信号分量 S130 的功率值最高，且与其他分量的功率值相差较大，S137 信号分量的功率值与 S130 相差了 10^6 倍。从功率谱图可以证明信号分量 S130 含有的能量与原信号最接近，与其他信号相比更能体现原信号的特征。

将采集的铁芯表面 6 个部位的振动信号进行处理，分别提取 8 个信号分量能量特征值。由于铁芯振动主要为低频信号，高频率分量的特征值极小，故选取更具有数据意义的前 4 个信号分量（S130~S133）提取能量特征值。经过多次实验获取数据，各测点的能量特征值见表 4-10。正常运行状况下，测点 1 获取的铁芯上铁轭振动能量特征值 E_{30} 最高，且远大于其他测点，这是由于上铁轭是非晶合金铁芯振动最强烈的部位；测点 4 获取的铁芯外倒角和测点 2 获取的铁芯心柱振动能量特征值 E_{30} 较高；而在振动强度较弱的区域，如铁芯下铁轭和内倒角处的能量特征值 E_{30} 较低，在数量级上与其他测点相差了 10 倍。通过对不同测点获取的能量特征值分析，得出能量特征值与振动强度呈正相关，振动幅值较高区域的能量特征值也高，而振动幅值越低，能量特征值也越小。

表 4-10 各测点振动信号能量特征值

测点	E_{30}	E_{31}	E_{32}	E_{33}
1	0.2071	0.0166	0.0090	0.0042
4	0.1081	0.0100	0.0053	0.0022
2	0.1029	0.0091	0.0048	0.0021
3	0.0088	0.0020	0.0009	0.0008
5	0.0094	0.0014	0.0006	0.0006
6	0.0100	0.0016	0.0007	0.0007

B 施加应力下实验结果与分析

在上铁轭部位施加过大压紧力后，按照 4.2.2 节中相同步骤采集该点振动信号，采集的振动时域信号经三层 WPT 分解和重构后的频率分量如图 4-38 所示，计算得到过大压紧力下各信号分量功率谱，如图 4-39 所示。

提取过大压紧力下上铁轭振动信号的前 4 个信号分量，计算得到能量特征值，见表 4-11。

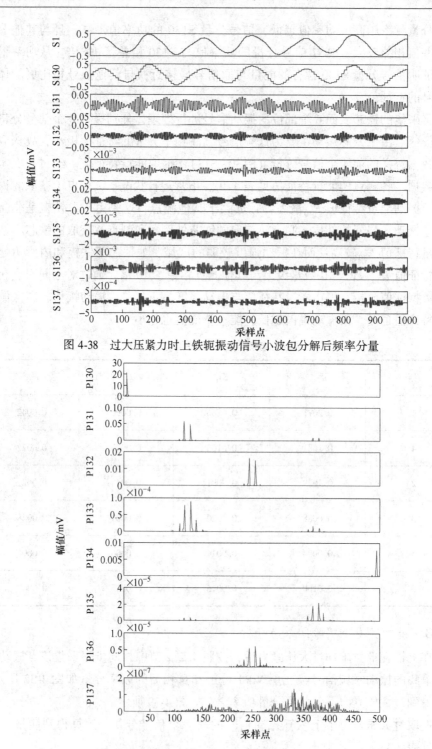

图 4-38　过大压紧力时上铁轭振动信号小波包分解后频率分量

图 4-39　过大应力状态下上铁轭振动功率频谱

表 4-11 过大应力上铁轭振动信号能量特征值

位置	E_{30}	E_{31}	E_{32}	E_{33}
1	0.2740	0.0217	0.0108	0.0010

从图 4-38 和图 4-39 中可以看出，在上铁轭施加过大应力后，该测点不同频率分量的能量分布发生变化，与正常状态下的振动信号图相比，各频率分量的幅值、功率谱幅值增长显著，同时频率分量的波形也存在变化。过大的压紧力造成铁芯振动更强烈，同时破坏正常状态下铁芯振动信号不同频率分量的能量谱分布，因此频率分量图和能量谱图能观察到信号幅值的增加[25]。计算后的能量特征值能将压紧力对铁芯振动能量的影响数据化，在表 4-11 中，施加压紧力后上铁轭振动信号能量特征值 E_{30} 为 0.2740，比正常状态（0.2071）增长了 32.3%，能量特征值 E_{31} 与正常状态（0.0166）相比增长了 30.7%，能量特征值 E_{32} 与正常状态（0.0090）相比增长了 20.0%。由于频率分量 S130 包含的信息与原信号最接近，所以压紧力对能量特征值 E_{30} 造成的影响最大。而通过对比大压紧力和正常状态的振动时域波形图，仅能观察出振动幅值有略微上升，无法直观体现信号存在的变化，这也证明 WPT 在信号分析上比 FFT 更优异。

变压器铁芯在运行过程中时常发生过电压、多点接地和施加预紧力过大等故障，这些都会引起铁芯振动加剧。因此，当铁芯振动信号发生变化，不同频段的能量特征值也随之发生的变化。当振动最剧烈的上铁轭的能量特征值大于 0.2071 时，表面铁芯已处于异常工作状态，需要采取相应的措施降低铁芯振动。综上所述，基于 WPT 提取能量特征值的方法可以用于非晶合金铁芯运行状态的检测。

4.5.2.2 三相非晶合金铁芯振动信号分析

在正常运行状态下，由 ICP 传感器采集的变压器上夹板中心振动时域波形如图 4-40 所示；当施加过大应力后，上夹板中心振动时域波形如图 4-41 所示。

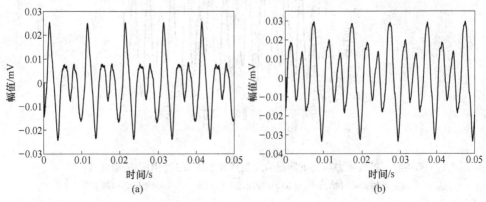

(a)   (b)

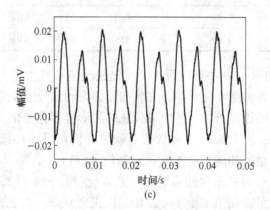

(c)

图 4-40　正常状态下变压器上夹板三相中心振动时域波形
(a) A 相振动时域波形；(b) B 相振动时域波形；(c) C 相振动时域波形

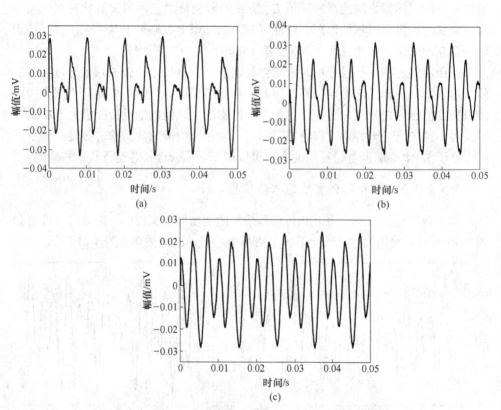

图 4-41　过大应力状态下非晶合金变压器上夹板三相中心振动时域波形
(a) A 相振动时域波形；(b) B 相振动时域波形；(c) C 相振动时域波形

对比图 4-40 和图 4-41，可以观察出过大应力导致变压器振动幅值的变化，但无法从图中的变化量分析出振动信号在哪段频率范围内发生了改变，更无法根据时域图分析变压器是否发生故障以及故障程度。因此有必要研究更具体、全面体现变压器运行的状态检测方法。本节利用 WPT 对非晶合金变压器振动信号进行时-频域特性分析，利用提取能量特征值的方法，建立一种能量与变压器状态之间的映射关系，将振动能量特征值作为检测变压器运行状态的一个判断标准，并以正常运行状态和过大压紧力下变压器振动信号能量特征值为例对所述方法进行说明，是一种非常好的变压器故障诊断方法。

A   正常状态下实验结果与分析

为了进一步探索非晶合金变压器振动信号的幅值与频率的关系，采用 WPT提取能量特征值的方法，通过对不同频段的能量特征值进行分段，对变压器进行故障诊断。以振动强度最大的变压器上夹板为例，采集的振动时域信号经三层WPT 分解和重构后的频率分量如图 4-42 所示。

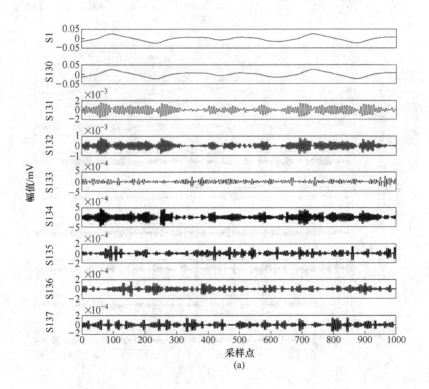

(a)

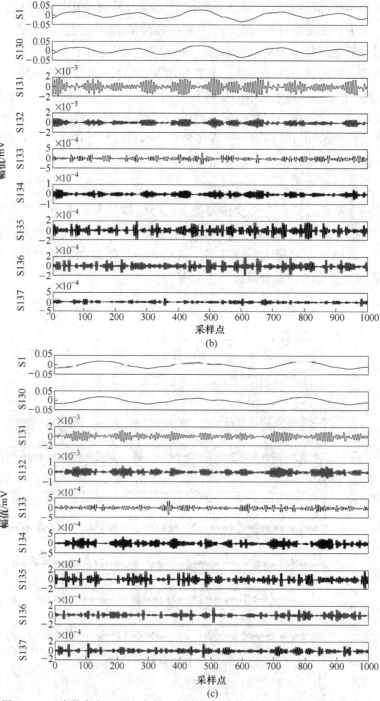

图4-42　正常状态变压器上夹板三相中心振动信号小波包分解后频率分量

（a）A相频率分量；（b）B相频率分量；（c）C相频率分量

图 4-42 所示，分别为 A、B 和 C 相上夹板三相中心振动信号小波包分解后频率分量，S130~S137 分别为三层小波包分解后的 8 个特征分量，S130 的频率段为 0~125Hz，S131 的频率段为 125~250Hz，S132 的频率段为 250~375Hz，S133 的频率段为 375~500Hz，S134 的频率段为 500~625Hz，S135 的频率段为 625~750Hz，S136 的频率段为 750~875Hz，S137 的频率段为 875~1000Hz。在这 8 个信号分量中，与原信号 S1 的信号的幅值和波形趋于一致的是信号 S130，说明 S130 能够代表原信号的大部分特征，而后面的频率分量的幅值与原信号相差较大，其拥有的能量特征也比 S130 小许多，所能代表的特征已经基本上可以忽略了。第 3 章中已证明非晶合金铁芯振动信号为低频信号，振动基频为 100Hz，频率越高振动幅值越低，因此低频分解的信号分量 S130 最能体现原铁芯振动信号的特征。

上夹板三相中心振动信号各频率分量的功率谱如图 4-43 所示，从图中可以看出，信号分量频率越高，功率值越低，信号分量 S130 的功率值最高，且与其他分量的功率值相差较大，S137 信号分量的功率值与 S130 相差了 $10^6 \sim 10^7$ 倍。从功率谱图也可以证明信号分量 S130 含有的能量与原信号最接近，与其他信号相比更能体现原信号的特征。

将采集到的变压器上夹件三相中心 3 个部位的振动信号进行处理，分别提取 8 个信号分量能量特征值。由于铁芯振动主要为低频信号，高频率分量的特征值

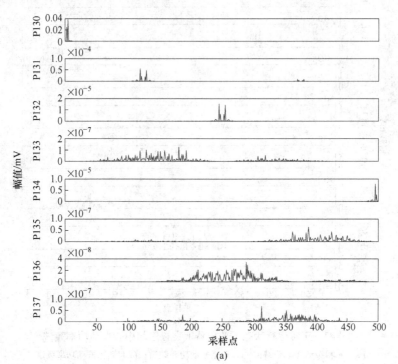

(a)

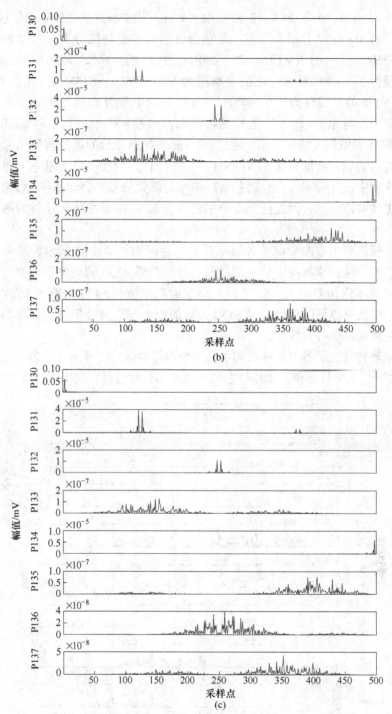

图 4-43 正常运行状态下变压器上夹板三相中心振动功率频谱

（a）A 相振动功率频谱；（b）B 相振动功率频谱；（c）C 相振动功率频谱

极小，故选取更具有数据意义的前 4 个信号分量（S130~S133）提取能量特征值，已经能够准确反映不同频段的振动信号。经过实验获取数据，各测点的能量特征值见表 4-12。正常运行状况下，变压器上夹件 B 相获取的振动能量特征值 E_{30} 最高，大于 A 和 C 两相。这是由于变压器上夹件 B 相的磁通密度比 A 和 C 相大，是非晶合金变压器振动最强烈的部位。A 相和 C 相的磁通密度基本相同，因此振动能量特征值较为接近。通过对不同相获取的能量特征值分析，得出能量特征值与振动强度呈正相关，振动幅值较高区域的能量特征值也高，而振动幅值越低，能量特征值也越小。

表 4-12　各测点振动信号能量特征值

测点	E_{30}	E_{31}	E_{32}	E_{33}
A 相	0.3775	0.0219	0.0110	0.0028
B 相	0.4590	0.0285	0.0141	0.0030
C 相	0.3964	0.0175	0.0087	0.0029

B　施加应力下实验结果与分析

在变压器上夹件三相中心施加过大压紧力后，变压器的运行状态有了很大的改变。采集变压器上夹件三相中心振动信号，采集的振动时域信号经三层 WPT 分解和重构后的频率分量如图 4-44 所示，计算得到过大压紧力下各信号分量功率谱，如图 4-45 所示。

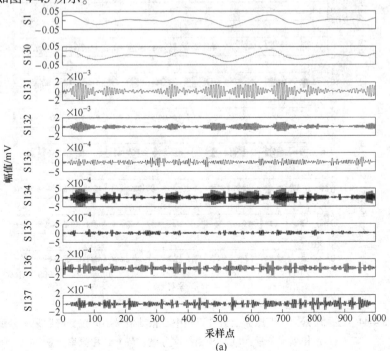

(a)

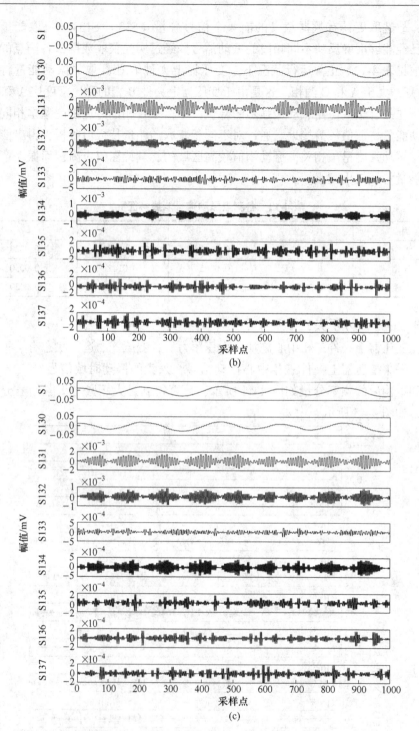

图 4-44 过大压紧力时变压器上夹件三相中心振动信号小波包分解后频率分量

（a）A 相频率分量；（b）B 相频率分量；（c）C 相频率分量

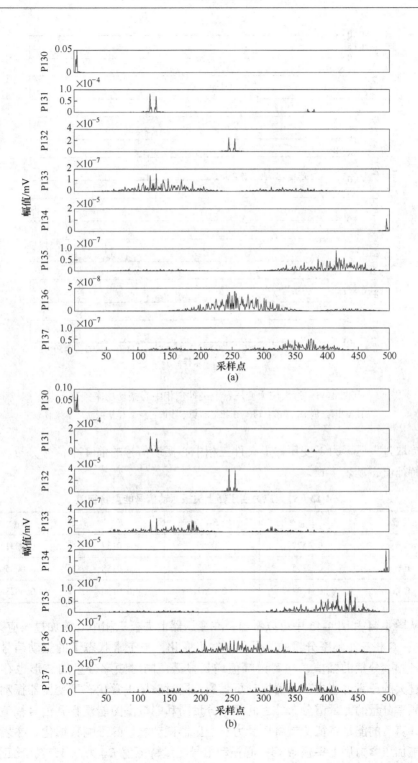

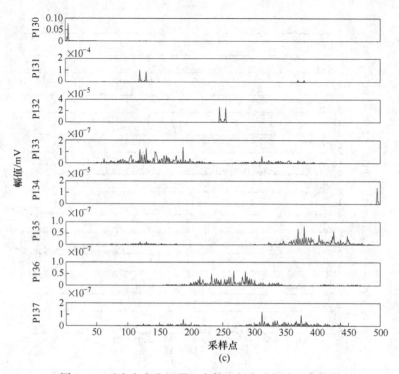

图 4-45　过大应力变压器上夹件三相中心振动功率频谱

（a）A 相振动功率频谱；（b）B 相振动功率频谱；（c）C 相振动功率频谱

　　提取过大压紧力下变压器上夹件三相中心振动信号的前 4 个信号分量，计算能量特征值，见表 4-13。

表 4-13　过大应力变压器上夹板振动信号能量特征值

位置	E_{30}	E_{31}	E_{32}	E_{33}
A 相	0.4577	0.0269	0.0137	0.0031
B 相	0.5295	0.0308	0.0158	0.0035
C 相	0.4734	0.0257	0.0130	0.0028

　　从图 4-44 和图 4-45 中可以看出，在变压器上夹板三相中心施加过大应力后，A、B 和 C 相三相频率分量的能量分布发生变化，与正常状态下的振动信号图相比，各频率分量的幅值、功率谱幅值增长显著，同时频率分量的波形也存在变化。过大的压紧力造成变压器振动更强烈，同时破坏正常状态下变压器振动信号不同频率分量的能量谱分布，因此频率分量图和能量谱图能观察到信号幅值的增加。计算后的能量特征值能将压紧力对变压器振动能量的影响数据化。在表 4-13 中，施加压紧力后上夹板 A 相中心振动信号能量特征值 E_{30} 为 0.4577，比正常状

态（0.3775）增长了 21.2%，能量特征值 E_{31}（0.0269）与正常状态（0.0219）相比增长了 22.8%，能量特征值 E_{32}（0.0137）与正常状态（0.0110）相比增长了 24.5%，能量特征值 E_{33}（0.0031）与正常状态（0.0028）相比增长了10.7%；施加压紧力后上夹板 B 相中心振动信号能量特征值 E_{30} 为 0.5295，比正常状态（0.4590）增长了 15.4%，能量特征值 E_{31}（0.0308）与正常状态（0.0285）相比增长了 8.1%，能量特征值 E_{32}（0.0158）与正常状态（0.0141）相比增长了 12.1%，能量特征值 E_{33}（0.0035）与正常状态（0.0030）相比增长了 16.7%；施加压紧力后上夹板 C 相中心振动信号能量特征值 E_{30} 为 0.4734，比正常状态（0.3964）增长了 19.4%，能量特征值 E_{31}（0.0257）与正常状态（0.0175）相比增长了 46.7%，能量特征值 E_{32}（0.0130）与正常状态（0.0087）相比增长了 49.4%，能量特征值 E_{33}（0.0028）与正常状态（0.0030）相比降低了 3.4%。由于频率分量 S130 包含的信息与原信号最接近，所以压紧力对能量特征值 E_{30} 造成的影响最大。而通过对比过大压紧力和正常状态的振动时域波形图，仅能观察出振动幅值有略微上升，无法直观体现信号存在的变化，这也证明 WPT 在信号分析上比 FFT 更优异。

非晶合金铁芯变压器在运行过程中时常发生过电压、多点接地和施加预紧力过大等故障，这些都会引起非晶合金铁芯变压器振动加剧。因此，当非晶合金铁芯变压器振动信号发生变化，不同频段的能量特征值也随之发生较大的变化。当振动最剧烈的非晶合金铁芯变压器上夹件的能量特征值大于 0.4590 时，表明非晶合金铁芯变压器已处于异常工作状态，需要立即采取相应的措施降低变压器振动。综上所述，基于 WPT 提取能量特征值的方法可以用于非晶合金铁芯变压器运行状态的检测。

4.5.3　铁芯垫与绑扎带对铁芯噪声水平的影响

为了抑制非晶合金铁芯振动噪声，本节主要介绍采取不同减振手段的实际效果。减振实验中，施加 53.4V 的交流电压在铁芯的激励线圈上，声压级用 Fluk945 采集。图 4-46 所示为 AMDT 铁芯采用不同减振垫与绑扎带与铁芯噪声水平的关系。当铁芯下面垫有硅橡胶垫、泡沫垫且用绝缘绑扎带束缚铁芯中振幅较大的位置时，铁芯噪声明显减小，在噪声测试过中，背景噪声是 32dB。

以上实验中，硅橡胶垫和泡沫垫放在铁芯下面，在两铁芯的上铁轭和两铁芯的周长方向用绝缘带进行绑扎，AMDT 铁芯的噪声至少缩小 10dB。

这是由于铁芯的磁致伸缩产生的能量在振动波传播路径长度增加的情况下，振动能量会减小。研究表明，当声波进入多孔材料时会激发孔内的空气与固体振动与摩擦。由于空气的黏滞力，空气的振动和摩擦动能将转化为热能，这将导致声音衰减。

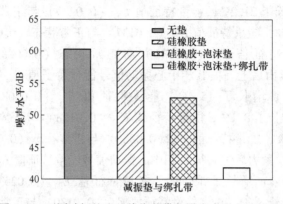

图 4-46　不同减振垫和绝缘绑扎带与噪声水平之间的关系

4.6　本章小结

本章研究了 AMDT 铁芯表面的稳态振动产生机理和噪声水平。获得了下列主要结论：

（1）AMDT 铁芯的振动频率是 100 的整数倍；铁芯的振动周期为 100Hz，最大振幅出现在 200Hz。

（2）当铁芯底部填充减振绝缘材料时，或在铁芯振动幅值最大的位置绑扎绝缘带时，AMDT 铁芯的振动能量和噪声水平将大大减小。

（3）上铁轭承受压紧力会引起铁芯振动信号频率分量的能量谱分布与正常状态相比发生改变，过大压紧力将造成各频率分量能量特征值增加，合适压紧力会导致能量特征值降低。基于 WPT 提取能量特征值的方法可以用于非晶合金铁芯运行时受力程度的检测，为铁芯运行状况的在线监测提供一种参考方法。

（4）实验得出的结论能用于设计低噪声 AMDT。也可给设计人员总的指导方针：振幅最大的点要进行加强，或在其支撑件上焊接相应的加强筋（具体方式第 5 章详细描述），振动幅值最大的点也应用采用绝缘绑扎带捆绑。

除上面提到的方法外，当在铁芯表面涂上绝缘胶水时，AMDT 铁芯表面张力也能抑制带材的磁致伸缩力。因此在铁芯带材表面涂上绝缘胶水，能有效地减小铁芯振动与噪声。如果 AMDT 铁芯的 *B-H* 磁化曲线能在磁场条件下，通过退火处理而改善矫顽力和剩磁，铁芯噪声将进一步缩小。

参 考 文 献

[1] Mouhamad M, Elleau C, Mazaleyra F, et al. Physicochemical and accelerated aging tests of matglas 2605SA1 and metglas 2605HB1 amorphous ribbons for power applications [J]. IEEE

Transactions on Magnetics, 2011, 47 (10): 3192~3195.

[2] Ng H W, Hasegawa R, Lee A C, et al. Amorphous alloy core distribution transformers [J]. Proceedings of the IEEE, 1991, 79 (11): 1608~1623.

[3] Hasegawa R, Takahashi K, Francoeur B, et al. A magnetization kinetics in tension and field annealed Fe-based amorphous alloys [J]. Journal of Applied. Physics, 2013, 113 (17): 17A312-17A312-3.

[4] 朱叶叶, 汲胜昌, 张凡, 等. 电力变压器振动产生机理及影响因素研究 [J]. 西安交通大学学报, 2015, 49 (6): 115~125.

[5] Yao X G, Phway T, Moses A J, et al. Magneto-mechanical resonance in a model 3-phase 3-limb transformer core under sinusoidal and PWM voltage excitation [J]. IEEE Transactions on Magnetics, 2007, 44 (11): 4111~4114.

[6] Hsu C H, Chang Y H, Lee C Y, et al. Effects of magnetomechanical vibrations and bending stresses on three-phase three-leg transformers with amorphous cores [J]. Journal of Applied Physics, 2013, 111 (7): 730-1-730-3.

[7] Weiser B, Hasenzagl A, Booth T, et al. Mechanisms of noise generation of model transformer cores [J]. Journal of Magnetism and Magnetic Materials, 1996, 160 (2): 207~209.

[8] Mizokami M, Yabumoto M, Okazaki Y. Vibration analysis of a 3-phase model transformer core [J]. Electrical Engineering in Japan. 1997, 119 (1): 1~8.

[9] Bartoletti C, Desiderio M, Carlot D D. Vibro-acoustic techniques to diagnose power transformers [J]. IEEE Transactions on Power Delivery, 2004, 19 (1): 221~229.

[10] He J L, Zeng Y R, Zhang B. Vibration and audible noise characteristics of AC transformer caused by HVDC system under monopole operation [J]. IEEE Transactions on Power Delivery, 2012, 27 (2): 1835~1842.

[11] Ji S C, Luo Y F, Li Y M. Research on extraction technique of transformer core fundamental frequency vibration based on OLCM [J]. IEEE Transactions on Power Delivery, 2006, 21 (4): 1981~1988.

[12] Fahy M, Tiernan S. Finite element analysis of ISO tank containers [J]. Journal of Materials Processing Technology, 2001, 119 (1): 293~298.

[13] Ilo A. Behavior of transformer cores with multi step-lap joints [J]. IEEE Power Engineering Review, 2002, 22 (3): 5~99.

[14] Ninomiya H, Tanaka Y, Hiura A, et al. Magnetostriction and applications of 6.5% Si steel sheet [J]. Journal of Applied Physics, 1991, 69 (8): 5357~5360.

[15] Zhu L H, Yang Q X, Yan R G, et al. Numerical computation for a new way to reduce vibration and noise due to magnetostriction and magnetic forces of transformer cores [J]. Journal of Applied Physics, 2013, 113 (17): 17A333-17A333-3.

[16] Chang Y H, Hsu C H, Tseng C P. Magnetic properties improvement of amorphous cores using newly developed step-lap joints [J]. IEEE Transactions on Magnetics, 2010, 46 (6): 1791~1794.

[17] Halliday D, Resnick R, Walker J. Fundamentals of Physics [M].9th ed, John Wiley & Son. Inc, 2010; 869~898.

[18] Weiser M M. Magnetostrictive offset and noise in flux gate magnetometer [J]. IEEE Transactions on Magnetics, 1969, 5 (2): 98~105.

[19] 胡昌华. 基于 MATLAB 的系统分析与设计——小波分析 [M].3 版. 西安：西安电子科技大学, 2009.

[20] Coifman R R, Wickerhauser M V. Entropy-based algorithms for best basis selection [J]. IEEE Transactions on Infromation Theory, 1992, 38 (2): 713~718.

[21] Rausch M, Kaltenbacher M, Landes H, et al. Combination of finite and boundary element methods in investigation and prediction of load-controlled noise of power transformer [J]. Journal of Sound and Vibration, 2002, 250 (2): 323~338.

[22] Azuma D, Hasegawa R, Saito S, et al. Domain structure and magnetization loss in a toroidal core based on an Fe-based amorphous alloy [J]. Journal of Applied Physics, 2012, 111 (7): 07A302-17A302-3.

[23] Chukwuchekwa N, Moses A J, Anderson P. Study of the effects of surface coating on magnetic barkhausen noise in grain-oriented electrical steel [J]. IEEE Transactions on Magnetics, 2012, 48 (4): 1393~1395.

[24] Weiser M M. Magnetostrictive offset and noise in flux gate magnetometer [J]. IEEE Transactions on Magnetics, 1969, 5 (2): 98~105.

[25] Liu D S, Li J C, Wang S H, et al. Detection and Analysis of Fault for HTS AMDT Cores by Magnetostriction-Induced Vibration [J]. IEEE Transactions on Applied Superconductivity, 2019, 29 (2): 5500705.

5 非晶合金铁芯变压器稳定性与振动特性

5.1 引言

由于新兴发展中国家人口众多，每年消耗的电能不断增长，AMDT 的应用能够提高电力系统的能效和减少全球 CO_2 排放，作为电网中的节能设备尤为重要。与 CSDT 相比，由于 AMDT 具有低损耗特点，它们的使用对全球能源节约带来深远影响[1]。但是 AMDT 具有较高的噪声水平，变压器振动噪声主要来源于铁芯磁致伸缩产生的机械力引起的铁芯振动和线圈电动力产生的振动。有学者在这两个领域开展了大量的研究工作[2]，减小变压器的噪声是维护高品质生活环境的关键，但到目前为止，对 AMDT 振动噪声的理解还不够深入。

在交变磁通作用下，变压器噪声主要来源于铁芯和线圈周期性的机械形变以及与这些部件相关联零部件的振动[3]。变压器铁芯的振动是由于交变的 2 倍基频的整数倍的谐波电压或电流使铁芯产生磁致伸缩应变[4]。周期性的磁致伸缩可能导致铁芯叠层的相互振动而产生噪声。在变压器运行中，线圈中线匝松动、周期性的相互作用力也会导致载流线圈及其结构件的振动。

在变压器运行期间，变压器铁芯和线圈振动由附件传播到夹件表面，振动波再通过变压器油和结构件传播到油箱，再由油箱向外界辐射振动噪声。声衰由声源距离决定，声源距离越大，声衰越大。另外噪声在均匀地向四周发射过程中，通常会遇到不同的障碍物，噪声能否绕过障碍物，要看障碍物的结构尺寸是否小于噪声的波长。如果障碍物要阻碍声波的传播，形成隔声壁或隔声墙，那么障碍物的尺寸要大于噪声的波长，这时入射到隔声壁上的噪声，有一部分将被其吸收，还有一部分将被其反射回去，其余部分穿透隔声壁发射出去。

姚晓刚[5]等人的研究表明变压器振动特性分析是研究与治理电力设备噪声的重要课题之一，与铁芯结构相关的磁致伸缩的频率特性也是研究变压器振动信号的分析方法之一[6]。很多学者开发了不同的变压器振动测量模型，通过测量变压器铁芯与线圈的振动，对变压器铁芯与线圈故障进行实时监测，利用振动方法监测变压器故障越来越被学者与工程技术人员重视[7,8]。Snell[9] 和 Ilo[10] 等人开发了一些监测油箱振动的测试平台，研究表明变压器铁芯高磁致伸缩主要由大的横向电磁力产生的基于油箱的振动测量，理论预测与测试结果相符。Y. H. Chang [11]等人的研究表明圆形 AMDT 铁芯与常规 C 型 AMDT 铁芯相比有更低的振动噪声。这些研究的开展已为变压器铁芯与线圈的实时运行工况监测提供了新方法。

尽管 CSDT 油箱表面的振动与噪声特性已被不同学者公布，但变压器器身及其夹件上的振动仍然还没有人清楚地描述过。为了研究振动幅值与频率的相互关系，本章主要关注由磁致伸缩和电动力引起的油箱表面和器身上夹件的振动特性，最终目的是找到合适的方法减小变压器的噪声。在实验室搭建了振动与噪声测试平台，在一台 SBH15-100-10/0.4AMDT 上夹件与油箱上进行实验。在空载额定电压下，分别测试了油箱与夹件焊接加强筋前后 AMDT 的噪声水平。这些方法也可给设计人员设计低噪声变压器提供参考。

5.2 基本理论

5.2.1 磁动力与电动力理论

变压器振动噪声由铁芯磁致伸缩力和线圈产生的电动力引起的变压器铁芯和油箱及相关零部件振动造成。第 1 章已详细介绍过磁致伸缩的基本概念，从宏观角度来看，磁致伸缩使铁芯材料尺寸有百万分之几的微小变化。磁致伸缩的数学表达式在第 4 章已经作了理论推导：

$$\lambda = - \frac{\lambda_s U_0^2}{(N_1 A \omega B_s)^2} \cos^2 \omega t = \frac{\Delta l}{L} \tag{5-1}$$

式中，λ_s 为材料磁饱和时磁致伸缩系数；U_0 为施加电压，V；N_1 为线圈匝数；A 为线圈所缠绕铁芯的横截面面积，m^2；ω 为角频率，$\omega = 2\pi f$，f 是驱动电源频率；B_s 为饱和磁通密度，T；Δl 为磁致伸缩变化量；L 为带材长度，m。

因此，由磁致伸缩力引起的磁动力为：

$$F_m = m a_c = \frac{d^2(\Delta L)}{dt^2} = - m \frac{2\lambda_s L U_0^2}{(N_1 A \omega B_s)^2} \cos 2\omega t \tag{5-2}$$

式中，a_c 为铁芯振动加速度，m/s^2。

式（5-2）表明，磁场力与施加电压的平方及磁致伸缩系数成正比（磁致伸缩的非线性影响已被忽略）。

AMDT 线圈的电动力由交变的磁通密度在线圈中感应出的电流引起。交变的磁通能用电流的函数来表达，即：

$$F_c = \frac{\mu_0}{2\pi} \frac{(N_2 I_2)^2}{d} \tag{5-3}$$

式中，F_c 为短路状态下电动力，N/m；μ_0 为真空磁导率，$4\pi \times 10^{-7} H/m$；N_2 为二次侧线圈匝数；I_2 为二次侧线圈流过电流，A；d 为两线圈之间的平行距离，m。

5.2.2 模态分析基本理论

模态分析是进行动力学分析的一种重要方法，在工程振动领域中广泛使用。通过模态分析可以获得所建模型的结构振动特性，有助于研究如何避免固有频率与外加激励频率相同引起的共振问题，同时也有利于探究结构在施加预应力后的振动特性。在模态分析中，模态的含义为机械结构的固有振动特性，每一个模态都有特定的固有频率、阻尼比和模态振型，分析这些模态参数的过程称为模态分析[12]。

运动方程的物理参数模型为：

$$[M]\{\ddot{u}\} + [C]\{\dot{u}\} + [K]\{u\} = \{F(t)\} \tag{5-4}$$

式中，$[M]$ 为质量矩阵；$[C]$ 为阻尼矩阵；$[K]$ 为刚度矩阵；$\{F(t)\}$ 为随时间变换的函数；$\{u\}$ 为节点位移；$\{\dot{u}\}$ 为速度矢量；$\{\ddot{u}\}$ 为加速度矢量。

对于不同类型的动力学分析，该模型由于考虑参数不同而出现变化。

模态分析：假定 $F(t) = 0$，且不考虑阻尼的作用，则式（5-4）为：

$$[M]\{\ddot{u}\} + [K]\{u\} = \{0\} \tag{5-5}$$

谐响应分析：假定 $F(t)$ 和 $U(t)$ 均为简谐函数，则式（5-4）为：

$$(-\omega^2[M] + i\omega[C] + [K])(\{u_1\} + i\{u_2\}) = \{F_1\} + i\{F_2\} \tag{5-6}$$

瞬态动力学分析：需考虑质量、阻尼和刚度，故参数模型不变，仍为：

$$[M]\{\ddot{u}\} + [C]\{\dot{u}\} + [K]\{u\} = \{F(t)\} \tag{5-7}$$

对结构进行模态分析求解中，假定结构为线性，则 $[M]$、$[K]$ 为常数，自由振动为简谐运动：

$$\{u\} = \{\varphi\}_i \sin(\omega_i + \theta_i) \tag{5-8}$$

$$\{\ddot{u}\} = -\omega^2\{\varphi\}_i \sin\{\omega_i + \theta_i\} \tag{5-9}$$

式中，ω 为角速度，rad/s。

将式（5-8）和式（5-9）代入式（5-5），得到：

$$([K] - \omega_i^2[M])\{\varphi\}_i = \{0\} \tag{5-10}$$

模态分析的本质就是求解结构振动特征方程的特征值和特征向量，通过求解式（5-10）可得到方程的特征值为 ω_i^2（i 为结构自由度的数目），其对应的特征向量为 $\{\vec{\varphi}\}_i$，即结构在自然频率 f_i 的振形，自然频率 f_i 计算为：

$$f_i = \omega_i/2\pi \tag{5-11}$$

5.3 非晶合金变压器应力场分析

5.3.1 非晶合金铁芯模态分析

对非晶合金铁芯进行模态分析，首先利用 SOLIDWORKS 软件建立三维非晶合金铁芯模型, 然后导入 ANSYS Workbench, 再利用 Modal 模块进行仿真求解。

5.3.1.1 单相非晶合金铁芯

A 定义材料属性

铁芯材料为 Metglas2605SA1 型低损耗非晶合金带材, 进行模态分析需要设置该材料的三种属性: 弹性模量、泊松比和密度, 该非晶合金铁芯材料的具体属性见表 5-1。

表 5-1　非晶合金铁芯材料属性

属　性	数　值
弹性模量/GPa	110
泊松比	0.3
密度/g·cm⁻³	7.18

B 建立和导入模型

ANSYS Workbench 软件中自带的 Modal 模块在进行结构固有频率和模态振型计算中具有强大功能, 但是 ANSYS 自带的建模方法在模型搭建过程中步骤略烦琐, 尤其是对复杂装配模型搭建往往费时费力。因此, 对于模型搭建采用更为简易快捷的 SOLIDWORKS 软件, 再将建立的完整模型导入 Workbench 中。

C 边界和约束条件设置

求解非晶合金铁芯的振动模态时, 各类边界条件的施加应该根据铁芯的设计和搭配情况来设置。在实际非晶合金变压器安装过程中, 铁芯安装于下夹件上, 并通过紧固螺栓固定, 同时与两侧夹件之间留有裕度, 因此需要对铁芯下表面施加固定支撑约束。

D 网格划分

对网格进行划分若过于精细, 会增加计算复杂度, 得到计算结果需要耗费大量时间; 若每个网格划分比较粗糙, 则计算准确度不符合要求, 导致仿真求解结果与实际值存在偏差。为了平衡求解精度和计算量之间的矛盾, 采用精度为 2cm 的自由网格划分法, 网格划分后的铁芯模型如图 5-1 所示。

E 计算结果

通过模态分析求解, 可以得出两个主要参数: 固有频率和模态振型。固有频率又称自然频率, 是该物体或结构的固有属性, 与外加的激励无关; 模态振型是结构在每阶自由频率上的振动状态, 一阶模态振型也称主振型, 表现结构在一阶固有频率时的振动趋势; 二阶模态振型为结构在二阶固有频率处的振动趋势, 以此类推。在实际分析中, 外加激励的频率并非单一形式, 复杂外加激励作用下结

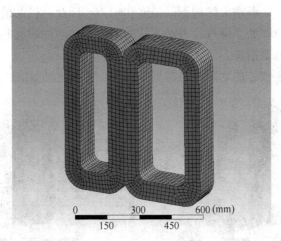

图 5-1　铁芯网格划分效果

构的振动是每阶模态振型的叠加，非晶合金变压器铁芯振动亦是如此。非晶合金铁芯振动频率主要为 1000Hz 内的低频振动，频率高于 1000Hz 时振动幅值特别小，可忽略共振在这些频率的影响。对于非晶合金铁芯固有频率的计算，取前六阶固有频率更具有代表性，因为前六阶固有频率与铁芯振动的前六次倍频接近，产生的共振现象会导致铁芯振动显著加强，若在高阶次频率发生共振现象，由于铁芯振动幅值在高次倍频特别微弱，可忽略在更高阶频率产生的共振。计算得到的铁芯前六阶固有频率见表 5-2。

表 5-2　非晶合金铁芯固有频率

阶　数	频率/Hz	最大位移/mm
1	121.71	3.4932
2	187.73	2.9413
3	240.36	4.9532
4	540.22	3.9582
5	558.47	5.0387
6	637.7	4.9301

由于载荷的自由频率一般比较低，在分析时为了突出代表性，对与载荷频率接近的固有频率的模态进行重点分析。非晶合金变压器铁芯振动以两倍电源频率（100Hz）为基频，振动幅值最大点出现在 200Hz 处。从表 5-2 可知，一阶固有频率和二阶固有频率分别为 121.71Hz 和 187.73Hz，与铁芯振动的一次谐频（100Hz）和二次谐频（200Hz）非常接近。当外加激励频率和固有频率相同时，

会产生共振现象，从而增大结构振动强度和噪声。因此，铁芯的共振更易发生在一阶频率和二阶频率处。通过改进铁芯结构来改变铁芯的固有频率是降低非晶合金变压器噪声的重要措施。

单相非晶合金铁芯前六阶模态振型如图 5-2 所示，振型描述见表 5-3。

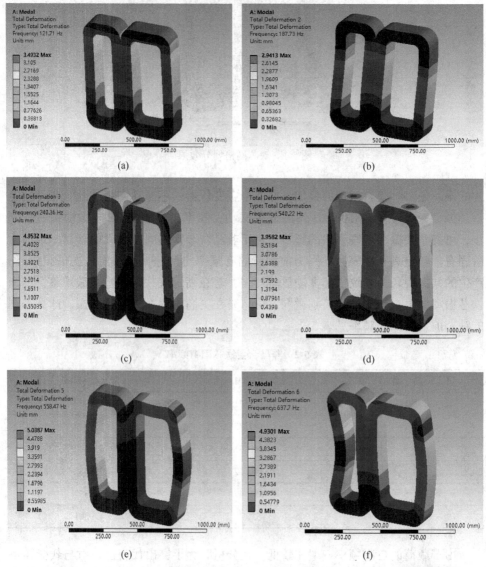

图 5-2　非晶合金铁芯前六阶模态振型

(a) 121.71Hz；(b) 187.73Hz；(c) 240.36Hz；

(d) 540.22Hz；(e) 558.47Hz；(f) 637.7Hz

扫码看图 5-2 彩图

表 5-3 铁芯模态振型部位与形态描述

阶数	频率/Hz	最大振动位移区域	振动趋势
1	121.71	上铁轭顶部	前后摆动
2	187.73	上铁轭顶部及倒角	左右摆动
3	240.36	上铁轭左右倒角	上铁轭相对左右倒角振动
4	540.22	小铁芯左心柱	铁芯心柱来回摆动
5	558.47	大铁芯右心柱	铁芯心柱相对摆动
6	637.7	小铁芯左心柱	铁芯心柱相向摆动

由模态振型图 5-2，能够观察出非晶合金铁芯在不同固有频率下的振动趋势和振动位移，不同颜色区域代表不同的振动位移大小，深红色的区域为最大振动位移部位，下铁轭由于施加了固定约束，下铁轭的振动位移相对比较微弱，可忽略不计，这在一定程度上验证了仿真结果的正确性。一阶铁芯模态振型表现为上铁轭的前后摆动，最大振动部位为上铁轭；二阶模态振型表现为上铁轭和倒角的左右摆动，最大振动部位为上铁轭和倒角；三阶模态振型表现为上铁轭相对左右倒角的振动；四阶模态振型表现为心柱的来回摆动，而小铁芯左心柱为最大振动部位；五阶模态振型表现为心柱的来回摆动，最大振动区域在大铁芯右心柱；六阶模态振型表现为心柱的相向摆动，最大振动部位是小铁芯左心柱。

根据图 5-2 前六阶非晶合金铁芯模态振型和表 5-3 振动形态描述，可以发现上铁轭和铁芯心柱是铁芯最主要的振动区域，振动位移沿着垂直方向自上而下呈现下降趋势。对于一阶和二阶模态振型，铁芯振动形式体现在上铁轭的前后振动和左右振动，这类振型很容易导致上铁轭振动的加剧，且由于前两阶固有频率最接近电源频率，而前两阶模态振型显示铁芯最大振动区域位于上铁轭，因此降低上铁轭的振动强度尤为重要。三阶振型以外倒角变化为主，但外倒角的低磁通密度值会造成该区域振动强度小。尽管四阶、五阶振型和六阶振型显示铁芯振动位移更大，但是这三阶固有频率并不靠近 100Hz 倍频，共振造成的影响相对于其他频率处较小。

5.3.1.2 三相非晶合金铁芯模态分析

A 定义材料属性

非晶合金材料为 2605SA 1，三相非晶合金铁芯的相关材料属性与单相非晶合金铁芯相同，见表 5-1。

B 建立和导入模型

在 SOLIDWORKS 软件中根据铁芯设计参数建立三相非晶合金铁芯模型，再将建立的完整模型导入 Workbench 中。

C　边界和约束条件设置

对三相非晶合金铁芯下表面施加固定支撑约束。

D　网格划分

对于三相非晶合金变压器铁芯的网格划分，平衡求解精度和计算量之后，采用精度为 5cm 的自由网格划分法，网格划分后的三相铁芯模型如图 5-3 所示。

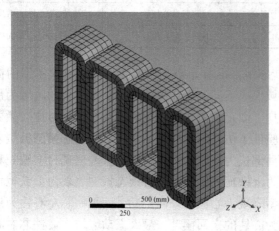

图 5-3　铁芯网格划分效果　　　　　　　扫码看图 5-3 彩图

E　计算结果

通过 ANSYS Workbench 软件中的 Modal 模块，对非晶合金变压器三相铁芯进行模态分析，对变压器铁芯的固有频率和模态振型进行分析。计算得到的三相铁芯前六阶固有频率见表 5-4。

表 5-4　非晶合金三相铁芯固有频率

阶数	频率/Hz	最大位移/mm
1	225.54	1.5038
2	274.56	1.8341
3	322.76	2.5961
4	492.05	2.8278
5	577.57	3.084
6	648.43	3.257

变压器铁芯的振动主要为竖直运动。且频率越高，能量越低。因此铁芯的振动主要集中在几个低阶模态。从表 5-4 可知，一阶固有频率和二阶固有频率分别

为 225.54Hz 和 274.56Hz，与铁芯的二次谐频（200Hz）和三次谐频（300Hz）非常接近。当外加激励频率与固有频率相同时，容易产生共振，从而使得变压器的铁芯振动和噪声增强。因此，铁芯的共振容易发生在二阶和三阶频率处。为了避免铁芯共振现象引起的非晶合金铁芯振动强度和噪声的增加，通过改进铁芯结构来改变铁芯的固有频率是降低非晶合金变压器噪声的重要措施。

三相非晶合金铁芯的各区域位移变化见表 5-5，同时各固有频率下的模态振型如图 5-4 所示。

表 5-5　铁芯模态振型部位与形态描述

阶数	频率/Hz	最大振动位移区域	振动趋势
1	225.54	上铁轭顶部	左右摆动
2	274.56	上铁轭顶部	前后摆动
3	322.76	上铁轭左右倒角	上铁轭左右倒角前后反向摆动
4	492.05	上铁轭左右倒角	上铁轭左右倒角前后同向摆动
5	577.57	铁芯侧柱中心	铁芯侧柱中心反方向左右摆动
6	648.43	铁芯侧柱中心	铁芯侧柱中心同方向左右摆动

由模态振型图 5-4，能够观察出非晶合金三相铁芯在不同固有频率下的振动趋势和振动位移，不同颜色区域代表不同的振动位移大小，深红色的区域为最大振动位移部位，下铁轭由于施加了固定约束，其振动位移相对比较微弱，可忽略不计，这在一定程度上验证了仿真结果的正确性。一阶铁芯模态振型表现为上铁轭顶部的左右摆动，最大振动部位为上铁轭顶部；二阶模态振型表现为上铁轭顶部的前后摆动，最大振动部位为上铁轭顶部；三阶模态振型表现为上铁轭左右倒角前后反向摆动，最大振动部位为上铁轭顶部左右倒角；四阶模态振型表现为上铁轭左右倒角前后同向摆动，最大振动部位为上铁轭顶部左右倒角；五阶模态振型表现为铁芯侧柱反方向左右摆动，最大振动区域在铁芯侧柱中心；六阶模态振型表现为铁芯侧柱同方向左右摆动，最大振动区域在铁芯侧柱中心。

根据图 5-4 前六阶非晶合金三相铁芯模态振型和表 5-5 振动形态描述，可以发现上铁轭顶部和铁芯侧柱是铁芯最主要的振动区域，振动位移沿着垂直方向自上而下呈现下降趋势。对于一阶和二阶模态振型，铁芯振动形式体现在上铁轭的左右振动和前后振动，这类振型很容易导致上铁轭振动的加剧，且由于前两阶固有频率最接近电源频率，而前两阶模态振型显示铁芯最大振动区域位于上铁轭，因此降低上铁轭的振动强度尤为重要。三阶和四阶振型以外倒角变化为主，但外倒角的低磁通密度值会造成该区域振动强度小。尽管五阶振型和六阶振型显示铁芯振动位移更大，但是这两阶固有频率并不靠近 100Hz 倍频，且频率较大，能量

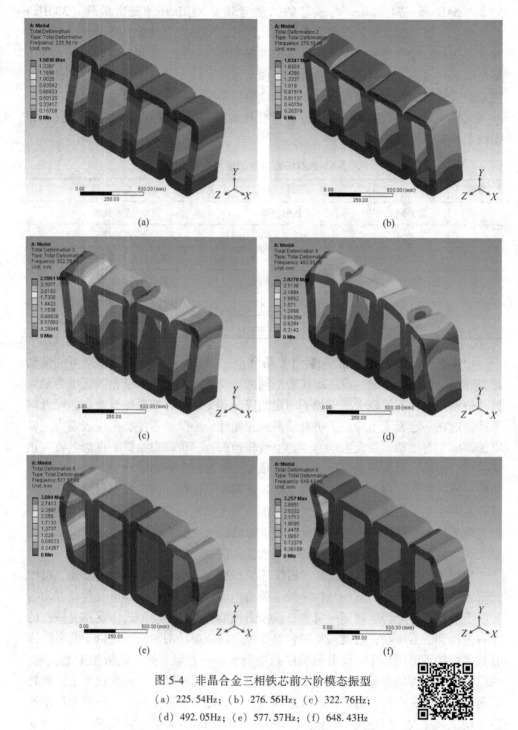

图 5-4 非晶合金三相铁芯前六阶模态振型

(a) 225.54Hz；(b) 276.56Hz；(c) 322.76Hz；

(d) 492.05Hz；(e) 577.57Hz；(f) 648.43Hz

扫码看图 5-4 彩图

较小，共振造成的影响相对于其他频率处较小。

5.3.2 短路电动力计算

三相非晶合金变压器铁芯与矩形线圈模型如图 5-5 所示，高压绕组在外侧，低压绕组在内侧，两者均被绕制成矩形结构。

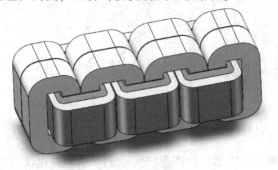

扫码看图 5-5 彩图

图 5-5　三相非晶合金变压器铁芯与线圈模型

扫码看图 5-6 彩图

线圈通电后铁芯主磁通会在绕组周围产生漏磁场，线圈电流在漏磁场的作用下会产生电动力，电动力分辐向力及轴向力，辐向力沿绕组半径方向，轴向力沿绕组高度方向。电动力的大小与绕组流过的电流平方成正比，电流越大产生的电动力也越大，作用在结构件上的压力也随之增大[13~15]。在安匝平衡时，由于高低压绕组的轴向力大小相等且方向相反，因此作用在绕组上的轴向力相互抵消，对绕组的影响可忽略，因此通常不对轴向力进行校验。本节研究的非晶合金

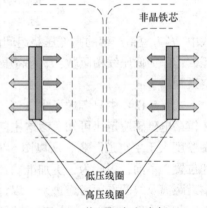

图 5-6　绕组辐向电动力

变压器短路电动力校验主要针对高低压线圈的辐向电动力，绕组辐向电动力示意如图 5-6 所示，低压绕组受力方向指向内侧，高压绕组受力方向指向外侧。

低压线圈由于电流较大通常采用铜箔作导线，一匝为一层，高压线圈通常采用圆形铜导线作为载流材料，多匝构成一层，高低压之间距离称为主空道，高低压线圈结构示意图如图 5-7 所示。

变压器绕组间的电动力与导体所带的电流密度及铁芯的磁通密度有关，由图 5-6 可知变压器内侧（低压线圈）与外侧（高压线圈）绕组间存在较大的排斥力。变压器在正常或额定运行状态下这两个力非常小，对绕组结构影响基本忽略，一旦发生短路事故，尤其是三相短路，这两个力将迅速增大至 10 倍或者百

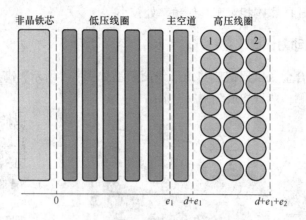

图 5-7　高低压线圈结构

倍以上，短路电动力会对线圈及变压器结构产生较大影响。由短路电流（假设非晶合金铁芯已完全饱和）产生的高压及低压绕组间的电动力可按式（5-12）计算[16,17]：

$$F = \frac{\mu_0}{2\pi} \frac{N_1 I_1 N_2 I_2}{d} = \frac{\mu_0}{2\pi} \frac{(N_2 I_2)^2}{d} \tag{5-12}$$

式中，F 为短路产生的高低压绕组间的电动力，N；μ_0 为磁性常数；N_1 为高压线圈匝数；N_2 为低压线圈匝数；I_1 为高压线圈电流，A；I_2 为低压线圈电流，A；d 为主空道距离，m。

　　式（5-12）中只考虑了主空道之间的距离，没有把线圈厚度考虑进去，根据法拉第电磁感应定律可知，考虑主空道距离的同时也要考虑线圈的厚度，由于线圈厚度大于主空道距离，所以图 5-7 所示的低压线圈对高压线圈电动力在位置 1 和位置 2 不同，因此为了更加准确计算电动力应该在式（5-12）基础上同时将主空道距离及线圈厚度考虑进来。以计算高压线圈受到的电动力为例，主空道距离 d 及线圈厚度 e_1 和 e_2 满足如下关系式：

$$d + e_1 < x < d + e_1 + e_2 \tag{5-13}$$

式中，x 为高低压绕组间的距离。

　　作用在高压绕组间的短路电动力表达式为：

$$dF(x) = \frac{\mu_0}{2\pi} N_1 I_1 \frac{dI_2}{x} = \frac{\mu_0}{2\pi} N_1 I_1 \frac{N_2 I_2}{e_2} \frac{dx}{x} = \frac{\mu_0}{2\pi} \frac{(N_2 I_2)^2}{e_2} \sqrt{3} \frac{dx}{x} \tag{5-14}$$

$$F = \frac{\mu_0}{2\pi} \frac{(N_2 I_2)^2}{e_2} \sqrt{3} \ln \frac{d + e_1 + e_2}{d + e_2} \tag{5-15}$$

　　结合电动力计算公式及 4.3 章节中有关线圈尺寸的计算，分别得到非晶合金变压器高压线圈及低压线圈在额定运行时的电动力及发生三相短路时的短路电动力，其计算结果见表 5-6。

表 5-6 非晶合金变压器额定运行及三相短路状况时电动力

参 数	额定运行	三相短路
低压线圈电流/A	454.66	11424.93
低压线圈电动力/Pa	406.74	256832.16
高压线圈电动力/Pa	356.80	225296.54

低压线圈电动力方向指向内侧，通常在低压线圈内侧放置一个厚度为 5mm 的绝缘筒，以抵抗低压线圈电动力对绕组产生的形变，绝缘筒对低压线圈有很好的保护作用。高压线圈电动力方向指向外侧，由于高压线圈靠近侧夹件，因此高压线圈电动力会直接作用在侧夹件上，侧夹件可以抵抗高压线圈变形或者线圈结构损坏，对高压线圈起到很好的保护作用。侧夹件及绝缘筒与高低压绕组之间的模型如图 5-8 所示。

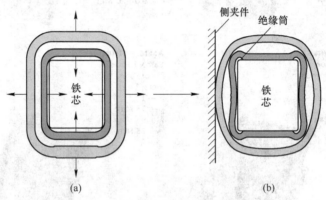

图 5-8 侧夹件及绝缘筒模型与高低压绕组模型

(a) 正常运行；(b) 突发短路后

5.3.3 侧夹件应力场校验

侧夹件采用的是 Q235-A 低碳钢板，其材料属性见表 5-7，Q235-A 密度为 7850kg/m^3，杨氏模量为 2.1×10^{11}Pa，泊松比为 0.33。

表 5-7 Q235-A 低碳钢板材料属性

材料	密度/kg·m^{-3}	杨氏模量/Pa	泊松比
Q235-A	7850	2.1×10^{11}	0.33

5.3.3.1 额定运行状态侧夹件应力

侧夹件能承受的最大应力应小于 Q235-A 钢板的屈服强度 R_p，对于 Q235-A

钢板，屈服强度 R_p 为 235MPa，因此侧夹件上可允许的最大应力 σ_{max} 应满足：

$$\sigma_{max} \leq R_p \tag{5-16}$$

非晶合金变压器在额定运行时高压线圈所受电动力为 356.80Pa，在该电动力作用下，侧夹件的应力、应变、形变量及安全系数分布如图 5-9 所示。

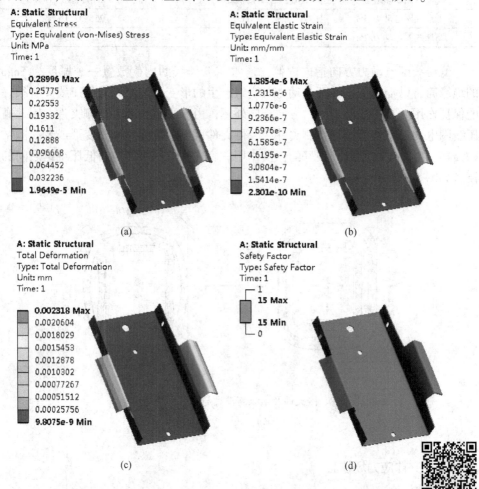

图 5-9   额定运行状态下侧夹件应力、应变、形变量及安全系数分布
(a) 应力分布；(b) 应变分布；(c) 形变量；(d) 安全系数

扫码看图
5-9 彩图

由图 5-9 (a) 可知，侧夹件应力值为 0.28996MPa，远远小于 Q235-A 材料的屈服强度 235MPa，满足侧夹件机械应力的要求，应力最大值在圆角处，为了避免应力集中现象已对夹件直角部位作 R_8 倒圆角处理。图 5-9 (b) 所示的应变分布与应力分布类似。图 5-9 (c) 所示最大形变量为 0.002318mm，位移程度为 0.06%，侧夹件外侧最容易发生形变。图 5-9 (d) 所示安全系数为 15，表示该电动力对侧夹件几乎没有影响，不影响其稳定性。

5.3.3.2 改进前三相短路状态侧夹件应力

额定运行状态下绕组电流非常小，产生的作用力对侧夹件几乎没有影响，但发生三相短路瞬间短路电流非常大，通常为额定运行状态时电流的 20~30 倍左右，此时短路电动力非常大，极其容易对侧夹件造成毁坏，影响变压器运行的稳定性，当发生三相短路时侧夹件的应力、应变、形变量及安全系数分布如图 5-10 所示，由图 5-10（a）可知，相比额定运行状态时其应力明显增大，最大应力为 183.09MPa。图 5-10（b）所示应变分布与应力分布趋势一致；图 5-10（c）所示形变分布最大形变量达到 1.4637mm，位移程度为 36.59%，腹板最外侧位移程度最严重；图 5-10（d）所示安全系数分布相比于额定运行状态时降低，腹板与主板的连接部位安全系数较低，容易发生危险。

图 5-10　三相短路时侧夹件应力、应变、形变量及安全系数分布

（a）应力分布；（b）应变分布；（c）形变量；（d）安全系数

5.3.3.3　改进后的三相短路状态侧夹件应力

为提高当发生三相短路时侧夹件结构的稳定性，考虑在原有侧夹件的基础上，对侧夹件结构进行改进，通过增设加强筋的方式，加强筋通过焊接与侧夹件紧固连接，对侧夹件起保护作用，其材料与侧夹件一样均为 Q235-A 低碳钢板。加强筋模型如图 5-11 所示，边长为 45mm 的等腰直角三角形，在直角部分倒 5×45°斜角。

为了达到提高侧夹件的稳定性的目的，采用一侧 5 个两侧共 10 个的加强筋模型，加强筋在侧夹件的安装位置关系如图 5-12 所示，各加强筋的距离为42.8mm，其到边缘的距离为 18.05mm。

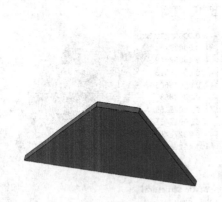

图 5-11　加强筋模型　　　　　　　图 5-12　加强筋安装位置

增设加强筋后当发生三相短路时侧夹件的应力、应变、形变量及安全系数分布如图 5-13 所示，由图 5-13（a）可知，增设加强筋后侧夹件的应力分布最大值为 169.95MPa，与图 5-10（a）相比，最大等效应力有所减少，下降 13.14MPa；由图 5-13（b）可知，最大应变量为 0.0008093mm，与图 5-10（b）所示结果相比有所降低；由图 5-13（c）可知最大形变量为 1.0216mm，位移程度为25.54%，相比图 5-10（c）可知位移程度减少 30.20%；相比图 5-10（d），图 5-13（d）中增设加强筋后其安全系数有所增加，且安全系数大的地方更多，表明通过改进侧夹件的结构、采取增设加强筋的方式对侧夹件能起到很好的保护作用。

将侧夹件结构改进前后发生三相短路状态时的应力、应变及形变量进行对比分析，得到表 5-8 所示结果。

图 5-13 增设加强筋后发生三相短路时侧夹件
应力、应变、形变量及安全系数分布
(a) 应力分布；(b) 应变分布；(c) 形变量；(d) 安全系数 扫码看图 5-13 彩图

表 5-8 侧夹件改进前后三相短路状态结果对比

参数	最 值	改进前	改进后
应力	最小值/MPa	0.012407	0.012615
	最大值/MPa	183.09	169.95
应变	最小值/mm	$1.4529×10^{-7}$	$6.1462×10^{-8}$
	最大值/mm	0.00087478	0.0008093
位移量	最小值/mm	$5.302×10^{-6}$	$3.1613×10^{-5}$
	最大值/mm	1.4637	1.0216

由表 5-8 可知，当非晶合金变压器发生三相短路时，通过增设加强筋方式可以降低侧夹件应力及应变分布，同时减小侧夹件整体的位移量，能对侧夹件起到

很好的保护作用，对提高非晶合金变压器的抗短路能力具有一定的作用。

5.3.4　绝缘筒应力场校验

绝缘筒放置在低压线圈内侧且紧贴非晶合金铁芯，由于受到非晶铁芯及线圈的影响，因此绝缘筒需具备良好的绝缘特性及抗拉强度，通常绝缘筒选用玻璃纤维材料。玻璃纤维具有耐高温、电绝缘性能好及拉伸强度高等特点。

5.3.4.1　绝缘筒材料属性

绝缘筒采用的是玻璃纤维材料，其厚度为 5mm，材料属性见表 5-9，玻璃纤维密度为 2540kg/m^3，杨氏模量为 7.31×10^{10}Pa，泊松比为 0.22。

表 5-9　玻璃纤维材料属性

材料	密度/kg · m^{-3}	杨氏模量/Pa	泊松比
玻璃纤维	2540	7.31×10^{10}	0.22

5.3.4.2　额定运行状态绝缘筒应力

绝缘筒能承受的最大应力应小于玻璃纤维材料的屈服强度 R_p，对于玻璃纤维材料，屈服强度 R_p 为 115MPa，因此侧夹件上可允许的最大应力 σ_{max} 应满足：

$$\sigma_{max} \leqslant R_p \tag{5-17}$$

非晶合金变压器在额定运行时低压线圈所受电动力为 406.74Pa，在该电动力作用下绝缘筒的应力、应变、形变量及安全系数分布如图 5-14 所示。由图 5-14（a）可知，绝缘筒应力值为 0.0012246MPa，远远小于玻璃纤维材料的屈服强度 115MPa，满足绝缘筒机械应力的要求，应力最大值在四周圆角处；图 5-14（b）所示的应变分布与应力分布类似；图 5-14（c）所示最大形变量为 1.6555e^{-7}mm，绝缘筒中间形变量较小，端部最容易发生形变，越靠近端部其形变量越大；图 5-14（d）所示安全系数为 15，表示该电动力对绝缘筒几乎没有影响，不影响其稳定性。

5.3.4.3　改进前三相短路状态绝缘筒应力

额定运行状态下绕组电流非常小，产生的作用力对绝缘筒几乎没有影响，但发生三相短路瞬间短路电流非常大，此时短路电动力非常大极易对绝缘筒造成影响，影响变压器运行的稳定性。发生三相短路时绝缘筒的应力、应变、形变量及安全系数分布如图 5-15 所示。

由图 5-15（a）所示应力分布可知，相比额定运行状态时其应力明显增大，最大应力为 0.77324MPa，远小于玻璃纤维的屈服强度；图 5-15（b）所示应变分

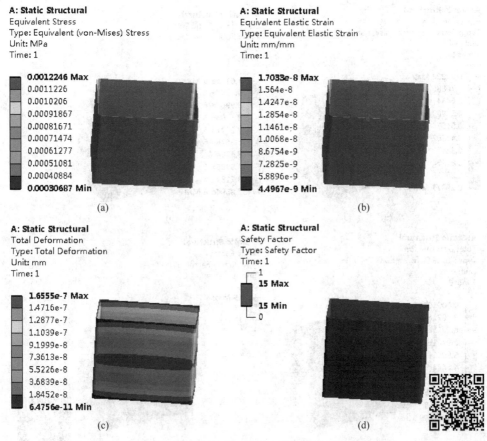

图 5-14　额定运行状态下绝缘筒应力、应变、形变量及安全系数分布　　　　扫码看图

(a) 应力分布；(b) 应变分布；(c) 形变量；(d) 安全系数　　　　5-14 彩图

布与应力分布趋势一致；由图 5-15（c）所示形变量分布可知，最大形变量为
0.00010453mm，约是额定运行状态时位移量的 630 倍；由图 5-15（d）所示安全
系数分布可知，各个部位安全系数仍较高，对绝缘筒稳定性影响小。

5.3.4.4　改进后三相短路状态绝缘筒应力

根据额定运行状态及三相短路时绝缘筒的应力、应变、形变量及安全系数可
知，绝缘筒在两种运行状态下均较安全，不会对绝缘筒产生危险。但由于绝缘筒
同时靠近非晶铁芯及低压线圈，非晶合金铁芯对机械应力非常敏感，对绝缘筒的
位移程度要求高，绝缘筒形变量越大对非晶铁芯产生的压力越大，非晶铁芯受到
外作用力会影响其性能，随着绝缘筒对铁芯产生力的增加，变压器空载损耗也随
着增大，通常会提高 20%~200%，因此非晶合金变压器对绝缘筒的位移量有较
高要求。从额定运行状态及三相短路时产生的位移量可知，当发生三相短路时绝

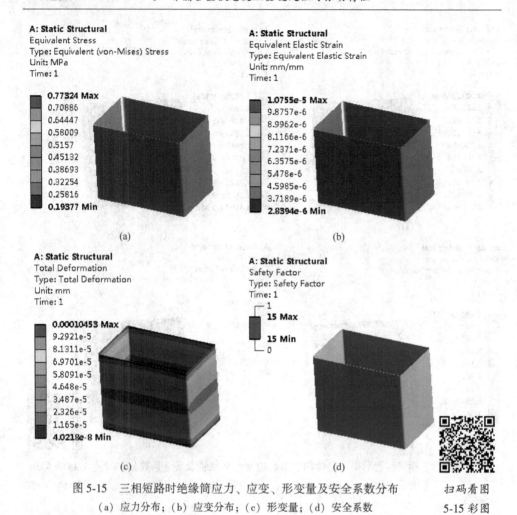

图 5-15　三相短路时绝缘筒应力、应变、形变量及安全系数分布
（a）应力分布；（b）应变分布；（c）形变量；（d）安全系数

扫码看图
5-15 彩图

缘筒的形变量会迅速增大 630 倍左右，对铁芯及低压线圈非常不利。

　　因此为了减少绝缘筒的形变量，考虑在绝缘筒外壁四周圆角处增加纸板，以减少绝缘筒的位移量，减少绝缘筒与铁芯的接触，纸板材料与绝缘筒保持一致，均采用耐高温、电绝缘性能好的玻璃纤维材料。由于绝缘筒与低压线圈之间的空间有限，因此纸板的厚度不能选取过大，本节采用 0.5mm 厚度的纸板加强绝缘筒结构的稳定性，从而降低绝缘筒的位移量。纸板模型如图 5-16 所示，纸板高度与绝缘筒高度保持一致为 200mm，宽度一边各 25mm，内外侧分别倒 $R8$ 及 $R8.5$ 的圆角。

　　为了减小绝缘筒在发生三相短路时的位移量，提高绝缘筒的稳定性，考虑在绝缘筒的四周圆角部位均增设纸板，纸板与绝缘筒的安装位置关系如图 5-17 所示。

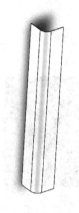

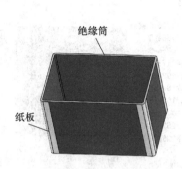

图 5-16　纸板模型　　　　　　　　　　图 5-17　纸板安装位置

增设纸板后发生三相短路时绝缘筒的应力、应变、形变量及安全系数分布如图 5-18 所示。由图 5-18 （a） 可知，增设纸板后绝缘筒的应力分布最大值减小至 0.66244MPa，与图 5-15 （a） 相比，最大等效应力有所降低，下降 0.1108MPa；由图 5-18 （b） 可知，最大应变量为 $3.3428×10^{-6}$ mm，与图 5-15 （b） 所示结果相比有大程度降低；由图 5-18 （c） 可知最大形变量为 $5.1472×10^{-5}$ mm，相比图 5-15 （c） 可知位移程度减少 50.76%，位移量减少近一半。比较图 5-18 （d） 及图 5-15 （d） 可知，增设纸板后其安全系数仍保持较高，能对绝缘筒起到很好的保护作用。

将绝缘筒结构改进前后发生三相短路状态时的应力、应变及形变量进行对比分析，得到表 5-10 所示对比结果。由表 5-10 可知，非晶合金变压器绝缘筒改进前或改进后其应力最大值均远低于玻璃纤维材料的屈服强度。

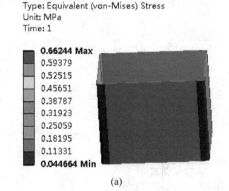

A: Static Structural
Equivalent Stress
Type: Equivalent (von-Mises) Stress
Unit: MPa
Time: 1

0.66244 Max
0.59379
0.52515
0.45651
0.38787
0.31923
0.25059
0.18195
0.11331
0.044664 Min

(a)

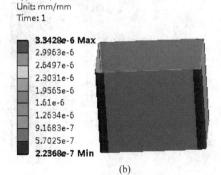

A: Static Structural
Equivalent Elastic Strain
Type: Equivalent Elastic Strain
Unit: mm/mm
Time: 1

3.3428e-6 Max
2.9963e-6
2.6497e-6
2.3031e-6
1.9565e-6
1.61e-6
1.2634e-6
9.1683e-7
5.7025e-7
2.2368e-7 Min

(b)

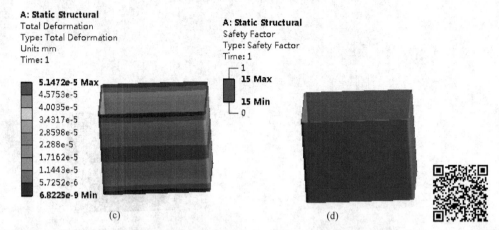

图 5-18　增设纸板后发生三相短路时绝缘筒应力、应变、形变量及安全系数分布　　扫码看图
(a) 应力分布；(b) 应变分布；(c) 形变量；(d) 安全系数　　5-18 彩图

表 5-10　绝缘筒改进前后三相短路状态结果对比

参数	最　值	改　进　前	改　进　后
应力	最小值/MPa	0.19377	0.044664
	最大值/MPa	0.77324	0.66244
应变	最小值/mm	2.8394×10^{-6}	2.2368×10^{-7}
	最大值/mm	1.0755×10^{-5}	3.3428×10^{-6}
位移量	最小值/mm	4.0218×10^{-8}	6.8225×10^{-9}
	最大值/mm	0.00010453	5.1472×10^{-5}

　　由于绝缘筒对自身的位移量要求较高，通过增设加纸板的方式可以降低绝缘筒的位移量，绝缘筒在结构改进前后两种情况的位移量对比结果如图 5-19 所示。由图 5-19 可知发生三相短路时改进绝缘筒结构后其位移量减少了 50.76%，能够有效降低由绝缘筒位移给铁芯带来的压力，从而减少铁芯由于受到外来压力而产生的空载损耗。

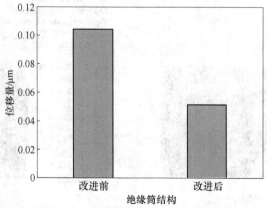

图 5-19　绝缘筒改进前后位移量对比

5.3.5 突发短路产品试验结果与分析

通过优化计算和短路校验计算，缩小高低压线圈的高度差，加固低压线圈的内绝缘筒和高压线圈的外围，加固上下夹板与侧夹板，使其应力符合设计要求。另外通过选择合适的导线规格，通过校核验算满足铜导线的弯曲应力要求。SBH15-400/10 突发短路测试实例如表 5-11、表 5-12 所示。

表 5-11　短路试验及阻抗偏差

开关分接位置	电流峰值加压位置	次数	短路电流/A		相电抗偏差/%			
					A	B	C	
1	A 相 $I_{max}=621.3A$	第 1 次	594.6	95.7%I_{max}	3.236	1.563	1.091	结论：短路试验电抗变化量合格
		第 2 次	606.0	97.5%I_{max}	4.010	1.851	1.415	
		第 3 次	618.0	99.5%I_{max}	4.384	2.027	1.676	
3	B 相 $I_{max}=656.7A$	第 4 次	625.5	95.2%I_{max}	4.386	3.173	2.410	
		第 5 次	643.9	98.1%I_{max}	4.455	3.744	2.578	
		第 6 次	640.4	97.5%I_{max}	4.581	3.834	2.641	
5	C 相 $I_{max}=698.7A$	第 7 次	708.5	101.4%I_{max}	4.781	3.866	3.977	
		第 8 次	695.3	99.5%I_{max}	4.766	4.100	4.633	
		第 9 次	692.7	99.1%I_{max}	4.736	4.561	5.027	

表 5-12　短路后试验验证

序号	试验项目及内容	试验结果	使用标准	判断基准
1	半成品和成品绕组直流电阻测定	相电阻 ≤ 1.93%，线电阻 ≤ 1.06%，具体数据见详细报告	GB/T 25446—2010	不平衡率：相电阻为 4%，线电阻为 2%
2	半成品和成品电压比测量和联接组标号检定	变压比误差 ≤±0.20%；具体数据见详细报告。联接组标号 Dyn11	GB 1094.1—2013	A. 变压比误差 ≤±0.4%。B. 联接组标号 Dyn11

序号	试验项目及内容	试验结果	使用标准	判断基准
3	绕组对地绝缘电阻测量	高压对低压及地 2000MΩ； 低压对高压及地 2000MΩ； 高压、低压对地 2187. 23ydsΩ	GB/T 25446—2010 GB 1094. 1—2013	A. 试验无闪络和击穿。 B. 绝缘电阻 ≥2000MΩ
4	外施工频耐压试验	高压对低压及地：35kV, 60s 无闪络和击穿； 低压对高压及地：5kV, 60s 无闪络和击穿	GB 1094. 3—2003	试品无闪络和击穿
5	短时感应耐压试验	试验电压为 200% 额定电压，时间 4.5s 内部绝缘未击穿、无局部损伤	GB 1094. 3—2003	A. 通过电流表监测 B. 内部绝缘未击穿或无局部损伤
6	空载损耗和空载电压测量	空载损耗实测值 156W；空载电流 0. 13%	GB/T 25446—2010 GB 20052—2013	空载损耗 ≤200W； 空载电流 0. 5+30%
7	短路阻抗和负载损耗测量	负载损耗实测值 4111W；短路阻抗 4.38%	GB/T 25446—2010 GB 20052—2013	负载损耗 ≤4520W； 阻抗 4%±10%
8	雷电冲击试验	高压对低压及地：75kV，试品无闪络和击穿，波形无截断现象	GB 1094. 3—2003	试品无闪络和击穿，波形无截断现象

序号	试验项目及内容	试验结果	使用标准	判断基准
9	声级测量	声功率级实测值 54dB（A）	GB/T 1094.10—2003	声功率级≤64dB（A）
10	温升试验	油顶层温升实测值 37.9K；高压绕组（平均）温升实测值 62.6K；低压绕组（平均）温升实测值 61.7K	GB 1094.2—2013	油顶层≤60K 绕组（平均）≤65K

5.4 实验装置与程序

多通道振动测试如图 5-20（a）、（b）所示，其中三相 AMDT SBH15-10-10/0.4 作为实验目标，三相调压器用来获得交流电压与保持电压的稳定性，ICP 振动传感器用来监测 AMDT 油箱表面与上夹件表面的振动信号。

测试系统包含信号采集单元和数据处理单元。前者由振动传感器组成，后者由 A/D 采集卡与计算机组成。振动传感器的选择与性能参数、A/D 采集卡的选择与性能参数、Fluk945 性能参数与测试标准已在第 3 章详细描述，本章不再重述。

图 5-20（a）所示为空载实验装置图，交流电压加在二次侧，一次侧开路；传感器和噪声计分别采集铁芯的振动信号和变压器空载时噪声声压级水平。图 5-20（b）所示为负载实验装置图，交流加在一次侧，二次侧短路；传感器和噪声计分别采集线圈的振动信号和变压器短路时的噪声声压级水平。图 5-20（c）所示为联合负载实验装置图，交流电压加在二次侧，一次侧串联水电阻和采样电阻作为 AMDT 的负载。在实验期间，计算机记录振动波形，同时采用噪声计记录声压级水平。

A/D 采集卡采样频率设定为 32kHz，它能确保振动波形的流畅和经过 FFT 后没有频率成分被遗漏。

铁芯的磁致伸缩力和线圈电动力造成了铁芯多种频率下的稳态振动。来自铁芯与线圈的振动进入其支撑夹件与相关零部件，再通过变压器油与连接件传播到油箱表面，油箱的振动再向其周围传送和辐射振动波能量，形成可听噪声。因油箱靠近或连接着振动源，因此它对振动传递与噪声的放大或缩小贡献最大。根据

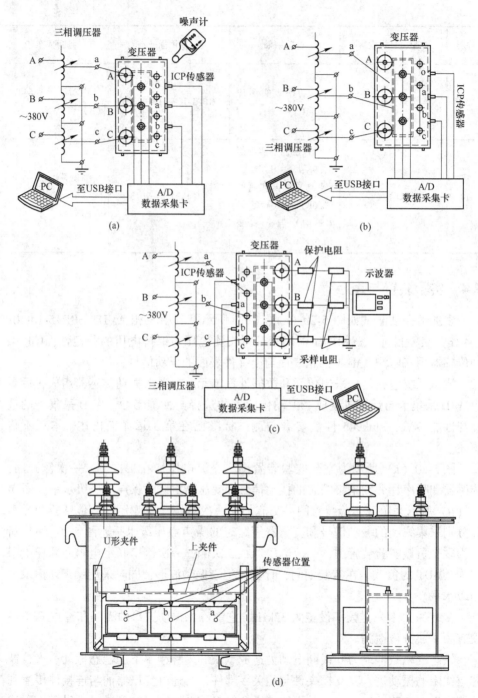

图 5-20 　AMDT 振动实验装置

（a）空载实验；（b）短路实验；（c）联合负载实验；（d）变压器与油箱表面传感器布置

以前的文献与变压器运行时的振动模型的观测，传感器的放置推荐位置如图 5-20 (d) 所示[18]。3 个 ICP 传感器通过绝缘磁座贴附在对应相 AMDT 油箱表面的中心；另 3 个 ICP 密封传感器通过绝缘磁座贴附在 AMDT 对应相夹件的中心。标记传感器位置，因此每次测量能保证在相同的位置。

为了研究 AMDT 铁芯与油箱的振动关系，排除夹件等零部件和线圈对铁芯与油箱振动的干扰，本研究采用 AMDT 铁芯的一只外框、内框组成铁芯（含激励线圈）和新油箱组成单相变压器模型，如图 5-21 所示。振动测量装置与图 5-18 相同。

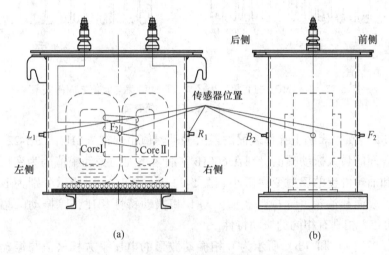

图 5-21　单相 AMDT 模型振动实验装置图

(a) 主视图；(b) 侧视图

5.5　实验结果及分析

5.5.1　施加电压大小对铁芯振动的影响

AMDT 的铁芯振动是由磁致伸缩引起的。当电压施加在二次侧且一次侧开路时，如图 5-20 (a) 所示，此时流过 AMDT 线圈的电流很小，由电流产生的电动力使线圈产生的振动可以忽略。电压分别施加到额定电压的 0.9~1.05 倍，为了简化计算，采用了电压平方的标幺值。

当电压施加到额定电压时，上夹件与油箱表面的典型振动频域波形如图 5-22 (a) 和 (b) 所示。

FFT 分析表明，振动幅值集中在 0~1400Hz，最大峰值大约为 5.5mV。如图 5-22 所示，振动的基本频率接近 100Hz，且具有高次谐波频率。从图 5-22 可以看出，有大量 0~1400Hz 谐波频率信号出现在上夹件表面与油箱表面。

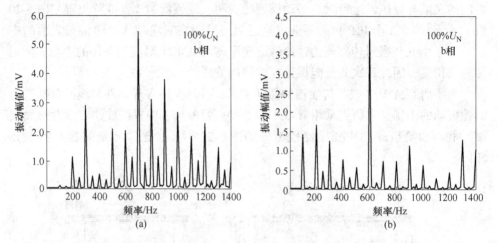

图 5-22　从 AMDT 的 b 相获得振动波形的频率与幅值之间的关系
(a) 上夹件表面；(b) 油箱表面

图 5-22（a）表明上夹件表面的最大振动幅值出现在 700Hz；图 5-22（b）表明油箱表面的最大振动幅值出现在 600Hz。油箱表面的振动幅值因为变压器油的黏滞力和油箱内壁的反射变得更小。图 5-22（a）和（b）所示分别为 b 相典型的上夹件表面和油箱表面振动频谱。与 b 相振动特性相比，除振动的幅值不同外，a 相和 c 相具有相同的振动特性。

图 5-23（a）和（b）所示为 b 相振动波形的电压平方标幺值与振动幅值之间的关系。铁芯振动幅值与空载电压的平方近似成线性关系。电压越大，非晶合金铁芯的磁致影响导致的振动幅值与电压标幺值平方之间的非线性关系越明显。谐波频率越高，非线性程度越大。b 相上夹件表面和油箱表面的最大振动幅值分别出现在 700Hz 和 600Hz；当施加相同电压时，b 相上夹件表面的振动幅值要比对应频率下油箱表面的振动幅值大。AMDT 铁芯在上夹件表面产生的基本振动频率大约为 700Hz。随着 AMDT 铁芯的进一步磁化，铁芯与结构件将发生共振。AMDT 铁芯的磁路长度和材料的磁致伸缩将导致产生更高次的谐波成分。

在 700Hz 时，油箱表面的振动幅值变小。铁芯振动声波通过油流传播到铁芯表面时，因变压器油流的黏性阻抗而减小，最大振动幅值出现在 600Hz。这种现象可能是因为油箱表面的自然振动频率接近 AMDT 本体（铁芯、线圈和夹件等其他零部件组成）的振动频率，它们可能产生共振现象。由于发生共振，振动的幅值明显上升。

图 5-24（a）和（b）所示分别为空载额定电压下，a、b、c 相上夹件与油箱表面振动波形频率与振动幅值之间的关系。当施加相同的电压时，c 相上夹件表面的最大振动幅值出现在 300Hz；a、b 相油箱表面的最大振动幅值分别出现在

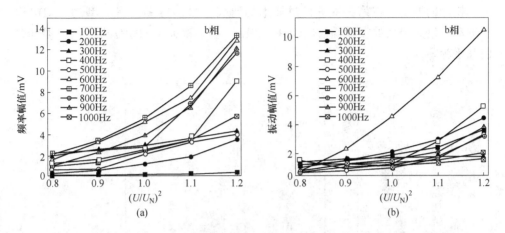

图 5-23　从 AMDT 的 b 相获得振动波形的电压平方的标幺值与幅值的关系

（a）上夹件表面；（b）油箱表面

300Hz 和 600Hz。说明振动的高频分量由铁芯的磁致伸缩力引起，b 相的振动影响 a 和 c 相的振动。此外，U 形夹件与上夹件连接在一起，a 和 c 相比 b 相离连接点更近，在这种情况下，a 和 c 相的振动幅值将被放大。当振动波从铁芯、夹件及其零部件通过油流传播或结构件传播到油箱表面时，因变压器油流的黏滞阻力和油箱内壁的反射作用，油箱表面的最大振幅要比夹件上的最大振幅小。为了排除夹件等零部件与变压器油的干扰，进一步验证铁芯与油箱表面的振动特性，振动测试分别在铁芯和油箱表面进行，测试平台如图 5-21 所示。AMDT 铁芯没有夹件等零部件（激励线圈除外），并立在油箱内部中央，油箱内没有注入变压器油。

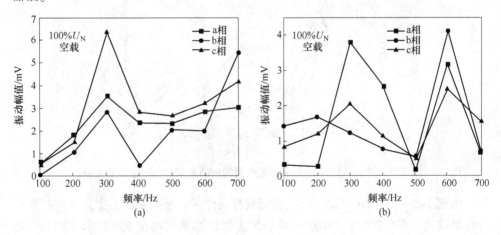

图 5-24　AMDT 的不同相振动幅值与频率的关系

（a）上夹件表面；（b）油箱表面

　　铁芯的振动已在第 3 章进行过详细的研究。图 5-25 所示是典型的 AMDT 铁芯振动频谱。最大的振动幅值出现在 200Hz，在频率大于 600Hz 以上时，振动幅值几乎为零。

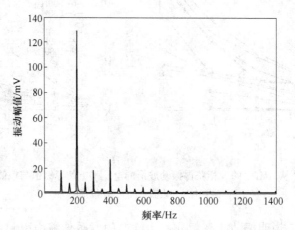

图 5-25　单相 AMDT 模型中铁芯振动幅值与频率之间的关系

　　振动测试分别在油箱表面的前后面（F_2 点和 B_2 点）进行。图 5-26 揭示了 F_2 点和 B_2 点的频率与振动幅值之间的关系，其振动最大幅值出现在 200 Hz。从中可以看出，油箱中没有油时，其表面的振动规律与铁芯类似，只是振动幅值不同。

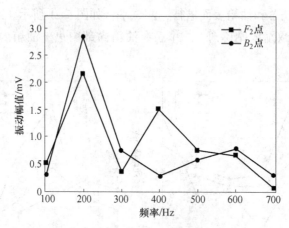

图 5-26　单相 AMDT 油箱前后面中间的振动频率与幅值之间的关系

　　由图 5-22～图 5-26 可知，当铁芯安装有夹件时，与无夹件相比，其表面振动特性将改变。有夹件时，AMDT 本体的最大振动幅值出现在 300Hz 和 600Hz。测试也在没有油箱的表面进行，最大振幅出现在 600Hz，振动规律与铁芯一致。从测试结果可以看出铁芯夹件是导致铁芯振动特性变化的关键因素之一。因此当夹件上的薄弱点被加强时，AMDT 本体振动能被减小。单相 AMDT 模型的铁芯与油箱表面的振动规律同样适用三相 AMDT。

5.5.2 短路电流大小对线圈振动的影响

当电压加在 AMDT 的一次侧且二次侧短路时，如图 5-21（b）所示，因为施加电压非常低，此时由铁芯磁致伸缩引起的振动将忽略不计，AMDT 本体的振动和油箱的振动主要由通过线圈中的电流产生的电动力引起；线圈的振动是由线圈的电流与漏磁通的相互影响导致的，利用以上方法，能够识别线圈的振动特性[19]。

线圈中的电流能通过改变一次侧的电压来实现。当通过线圈中的电流为额定电流的 0.2~1.2 倍时，分别测量了上夹件表面与油箱表面的对应 a、b 和 c 相位置的振动特性。图 5-27 所示为当线圈通过额定电流时，上夹件表面与油箱表面对应低压侧 b 相位置的典型振动幅值与频率之间的关系。

图 5-27（a）和（b）表明，a 和 c 相的振动与 b 相的振动有相同趋势，振动能量主要集中在 100Hz，其他频率的振动幅值几乎为零；50Hz 时，上夹件表面的振动幅值较大，可能是因为夹件结构振动与线圈共振频率接近，造成该频率下的振动幅值增大。线圈的振动特性的变化趋势与文献［20］描述的一致。

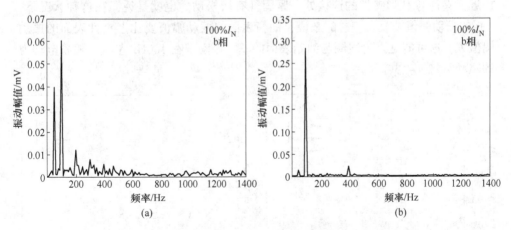

图 5-27 短路条件下 b 相油箱表面的振动幅值与频率之间的关系
（a）上夹件表面；（b）油箱表面

由图 5-28（a）和（b）可以看出 b 相上夹件和油箱表面不同电流条件下与振动幅值的关系几乎是线性关系。图 5-26 和图 5-27 实验结果表明，在 AMDT 正常运行范围内，在 100Hz 时，铁芯的振动幅值与所加电压平方的标幺值成线性关系，线圈的振动幅值与负载电流标幺值的平方成近似线性关系，这与理论预测是一致的。

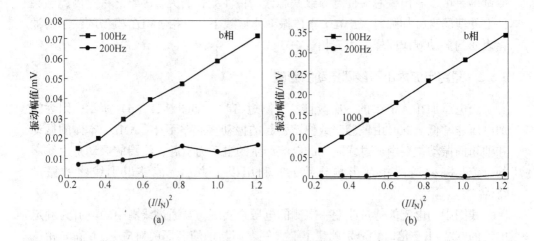

图 5-28　短路条件下 b 相的振动幅值与电流标幺值平方之间的关系
(a) 上夹件表面；(b) 油箱表面

　　图 5-29（a）、（b）所示为当短路电流增加到额定值时，a、b 和 c 相上夹件与油箱表面的振动幅值与频率之间的关系。当施加相同的电流，在 100Hz 时，c 相上夹件表面的振动幅值最大，此时 b 相的油箱表面的振动幅值最大。因为 c 相接近上夹件与 U 形夹件的连接处，紧固件有所松动。也就是说，在这种状况下，c 相的振动幅值被放大。总的来说，油箱表面的振动幅值要比上夹件表面的振动幅值大。这可能是因为线圈与油箱表面的基本振动都在 100Hz 左右，随着电动力的驱动，将发生共振。

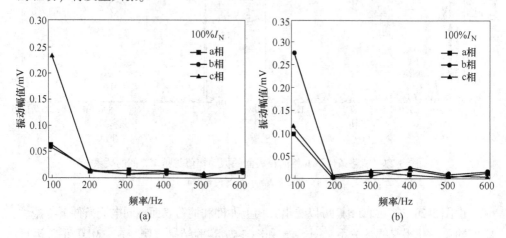

图 5-29　短路条件下不同相的振动幅值与频率之间的关系
(a) 上夹件表面；(b) 油箱表面

5.5.3　不同负载电流对铁芯和线圈振动的影响

在变压器的二次侧施加额定电压，一次侧加水电阻和采样电阻作为变压器的负载，实验装置如图 5-20（c）所示。因水电阻是纯电阻性负载，因此电源与变压器功率因素对振动的影响可以忽略。为了避免水电阻过热和水的沸腾，用调压器调整二次侧电压以使二次电流控制在 $4.6 \sim 42.3 \mu A$。

流过一次侧的电流可以通过示波器测量 100Ω 的采样电阻中的电压获得。当电流变化时，测量上夹件和油箱表面上的振动信号。通过改变水电阻的阻值来模拟变压器真实的负载运行状况。本章测试了上夹件与油箱表面的振动性信号。图 5-30（a）和（b）所示为电流标幺值的平方与振动幅值之间的关系。

图 5-30（a）和（b）的测试结果来自一台 SBH15-10-10/0.4AMDT 不同负载电流下上夹件与油箱表面的振动测试。在正常运行状况下，这些曲线近似成直线。当负载电流为零时，线圈振动几乎为零。从图 5-30（a）和（b）可以看出，当二次侧施加额定电压，频率为 100Hz 时，上夹件与油箱表面的振动幅值分别为 0.082mV 和 1.858mV；与图 5-24（a）和（b）中的振动幅值 0.096mV 和 1.61mV 相比较，它们之间的相对误差相对较小。

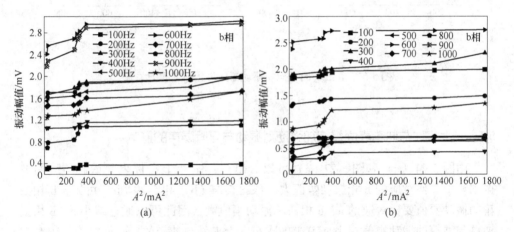

图 5-30　负载条件下 b 相振动幅值与电流平方标幺值之间的关系
（a）上夹件表面；（b）油箱表面

图 5-31（a）、（b）所示分别为负载电流为 19.5μA 时，a、b 和 c 相上夹件与油箱振动波形频率与振动幅值之间的关系。当施加电流相同时，c 相上夹件的振动幅值在 200Hz 和 800Hz 时具有比其他频率处较大的振动幅值；c 相油箱的振动幅值在 300Hz 时具有比其他频率处较大的幅值。b 相上夹件与油箱的振动幅值在 600Hz 时具有比其他频率处较大的幅值。这可能是更高次谐波导致了非晶合金铁芯的磁致伸缩，此外，AMDT 铁芯重叠的转角处也能加剧磁致伸

缩引起的振动。c 相上夹件的振动幅值变大的原因与 5.5.2 节中产生的原因是一致的。油箱表面在 a、c 相的固有最大振动频率是 300Hz，在 c 相是 600Hz。这与 AMDT 空载时有相同的趋势（图 5-24）。结果表明铁芯磁致伸缩力引起的振动是主要原因。

当负载电流为零时，此时对应的振动为铁芯的振动。因此在 AMDT 不停电的情况下也能监测出铁芯的运行状况。也就是说在变压器不停电或切断负荷的情况下，也能监测出变压器铁芯的振动情况。这种测试也给变压器铁芯在线运行提供了一种监测方法。

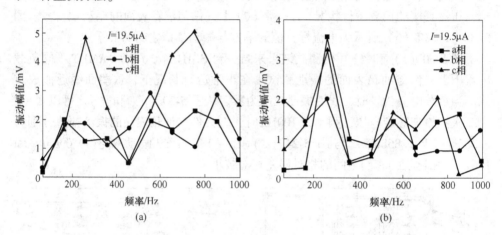

图 5-31　AMDT 的不同相振动幅值与频率之间的关系

(a) 上夹件表面；(b) 油箱表面

5.5.4　上夹件与油箱表面焊接加强筋对振动与可听噪声的影响

由图 5-24（a）和图 5-27（a）可以看出，a、c 相上夹件表面铁芯与线圈的振动幅值要比对应的 b 相振动幅值大。从图 5-24（b）和 5-29（b）可知，b 相油箱的振动幅值要比对应的 a、c 相铁芯振动幅值大。因此可以通过减小 a、c 相上夹件与油箱的振动幅值减小 AMDT 的噪声。上夹件与油箱的加强筋结构如图 5-32（a）和（b）所示。噪声测量结果见表 5-13。

本章研究表明，一些外加的加强筋能弥补夹件与油箱的薄弱点。例如，将上夹件的加强筋焊接在 a、c 相的中心，中间再用一根加强筋将它们连接起来；使结构成"H"形，如图 5-32（a）所示；或在油箱的一次侧和二次侧对应的 a、c 相位置焊接加强筋，用一加强筋连接两加强筋的中部，也可使结构成"H"形，如图 5-32（b）所示。

图 5-33（a）和（b）分别描述了上夹件和油箱焊加强筋后对应 a、b 和 c 相位置的不同频率下的振动幅值。与图 5-24（a）和（b）在夹件与油箱没有焊加

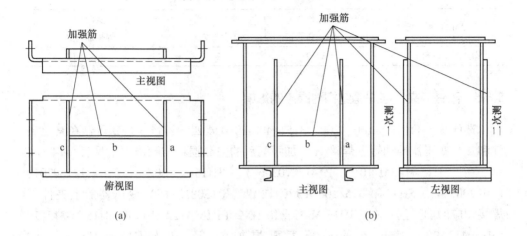

图 5-32　AMDT 上夹件和油箱表面焊接加强筋后的结构示意图

（a）上夹件；（b）油箱

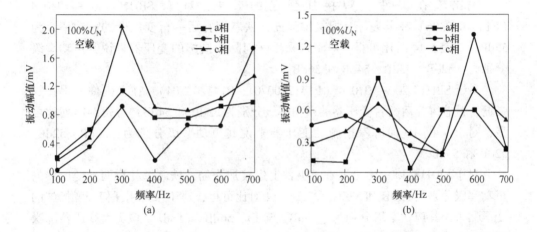

图 5-33　焊接加强筋后 AMDT 不同相振动幅值与频率之间的关系

（a）上夹件；（b）油箱

强筋以前振动幅值相对比，最大振动幅值降低到原来的三分之一，因此在夹件和油箱焊接加强筋是抑制 AMDT 振动的有效方法。

本节利用第 2 章的噪声预测公式（2-20），得到理论预测值为 37.2dB（声压级）。噪声测量时的背景噪声为 30dB，声压级记录在表 5-11 中，上夹件与油箱焊加强筋后的效果可以从噪声水平测量结果中直观看出，声压级水平由 36.8dB 减少到 31.2dB。其结果也符合图 5-24 和图 5-31 中描述的变化规律：振动幅值越弱，噪声水平越低。

表 5-13　不同上夹件与油箱类型的振动噪声水平

AMDT 声压级	理论预测 （无加强筋）	实测值 （无加强筋）	实测值 （焊接加强筋）
噪声水平（SPL）/dB	37.2	36.8	31.2

5.5.5　改进的夹件与油箱结构对噪声的影响

选取 S（B）H15-100、200、315、400-10/0.4 四种容量 5 台变压器在其上夹件和 2 台变压器的油箱上焊接 H 形加强筋后的空载损耗与噪声水平见表 5-14。

在 SH15-M-100/10（P1412070306）、SH15-M-200/10（P1412100701，P141200704）、SH15-M-315/10（P130412A29，P130812115）变压器的上夹件上焊接相应的加强筋；在 SBH15-M-315/10 NX2（P130412A21）和 SH15-M-315/10（P130412A29）变压器的油箱表面焊加强筋，在 SBH15-M-315/10 NX2（P130312808）和 SBH15-M-315/10（P130812115）变压器的油箱表和夹件未焊接加强筋。

先比较在夹件上焊接加强筋的效果，对于 SBH15-100 - 10/0.4（P1412070306）在上夹件上焊接加强筋，铁芯绑扎后一台变压器的声功率级为 55dB；与表 5-14 对比可得，对于未采用任何降噪措施的变压器来说其声功率级分别为：52dB、53dB、54dB 和 56dB。

对于 SBH15-200-10/0.4（P1412100701，P141200704），在上夹件上焊接加强筋，铁芯绑扎后两台变压器的声功率级分别为 52dB 和 54dB；与表 5-14 对比可得，对于未采用任何降噪措施的变压器来说其声功率级分别为：50dB、52dB、52dB 和 55dB。

对于 SBH15-400-10/0.4 在上夹件上焊接加强筋，铁芯绑扎后两台变压器的声功率级分别为 52dB 和 53dB；与表 5-14 对比可得，对于未采用任何降噪措施的变压器来说其声功率级分别为：55dB、56dB、56dB 和 58dB。该类型变压器降噪明显，最大值与最小值相差 6dB。

表 5-14　部分非晶合金变压器采用降噪措施后的噪声水平与空载损耗

产品型号	出产序号	油箱类型	空载损耗实测值/W	空载标准/W	声级实测值/dB	南网标准敏感区/dB	南网标准非敏感区/dB	国家标准/dB	降噪措施
SBH15-M-100	P1412070306	波纹	62.9	75	48.2/55	40/52	42/55	55	上夹件与铁芯加强
SBH15-M-200	P1412100701	波纹	103.7	120	56.1/54	42/56	46/61	61	上夹件与铁芯加强

续表 5-14

产品型号	出产序号	油箱类型	空载损耗实测值/W	空载标准/W	声级实测值/dB	南网标准敏感区/dB	南网标准非敏感区/dB	国家标准/dB	降噪措施
SBH15-M-200	P1412100704	波纹	99.6	120	44.2/52	42/56	46/61	61	上夹件与铁芯加强
SBH15-M-315 NX2	P130312808	片散	111.2	170	50.2/59	44/58	49/64	64	未加强
SBH15-M-315 NX2	P130412A21	片散	111.7	170	45/54	44/58	49/64	64	油箱加强
SBH15-M-315	P13042A29	片散	114.5	170	45/54	44/58	49/64	64	油箱加强
SBH15-M-315	P130812115	片散	121.3	170	49.4/58	44/58	49/64	64	未加强
SBH15-M-400	P141230305	波纹	155.7	200	44.9/53	44/58	49/64	64	上夹件与铁芯加强
SBH15-M-400	P1412130301	片散	157.1	200	43.5/52	44/58	49/64	64	上夹件与铁芯加强

表 5-14 比较了油箱上焊接加强筋的效果，对于 SBH15-315-10/0.4 在油箱上焊接加强筋，一台变压器的 2 台声功率级为 54dB 和 55dB；与表 5-14 中 SBH15-315-10/0.4 油箱表面不焊加强筋对比，对于未采用任何降噪措施的变压器来说其声功率级分别为：59dB 和 58dB。噪声可以下降 4~5dB。

5.5.6 改进的油箱与夹件结构对振动的影响

下面进一步分析前面的降噪效果。

从图 5-34 (a) 可以看出，SBH15-100（P1412070306）左右侧面振动幅值较大，加强油箱的这两面，该台变压器噪声能降下来，预计为 4~5dB。可能是油箱对应面的螺栓未紧固好，还有上夹件与 U 形夹件的螺栓可能未紧固好。

从图 5-34 (b) 可以看出，SBH15-200（P14121007013）的右侧面（面对低压侧）振动幅值较大，加强油箱的左右侧面，该台变压器噪声能降下来，预计为 2~3dB。

从图 5-34 (c) 可以看出，SBH15-200（P14121007013）的左右侧面振动幅值较大，加强油箱的左右侧面，该台变压器噪声能降下来，预计为 4~5dB。

从图 5-34 (e) 可以看出，SBH15-315（P130412A21）的振动存在高频分

量，但空载损耗测试值为 111.7W，说明铁芯不存在问题。可能是该台变压器的结构件松动。

从图 5-34（f~i）、图 5-34（d）可看出，加强油箱的左右侧面，变压器振动幅值将大大减小，噪声水平也同样会下降。

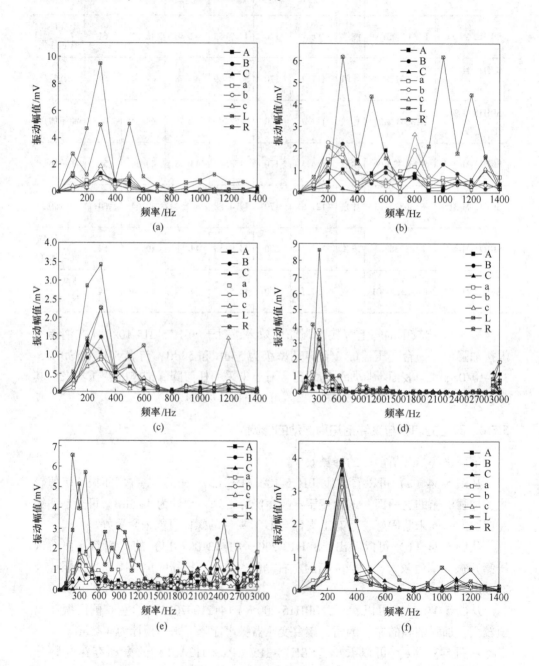

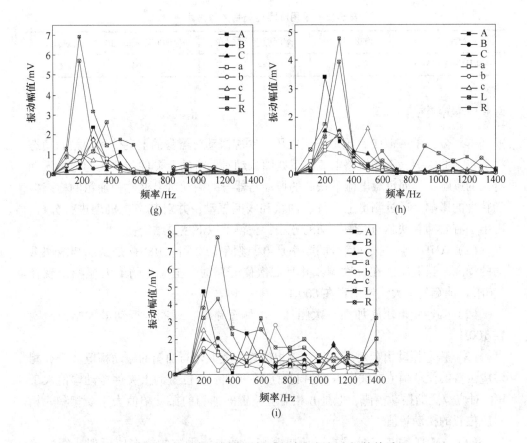

图 5-34　油箱不同位置振动频率与振幅之间的关系

（a）波纹油箱 SBH15-100（P1412070306）（夹件油箱加强）；（b）波纹油箱 SBH15-200（P1412100701）（夹件加强）；
（c）波纹油箱 SBH15-200（P1412100704）（夹件加强）；（d）片散油箱 SBH15-315（P130312808）（夹件加强）；
（e）片散油箱 SBH15-315（P130412A21）（油箱加强）；（f）片散油箱 SBH15-315（P130412A29）（油箱加强）；
（g）片散油箱 SBH15-315（P1300812115）（油箱未加强）；（h）波纹油箱 SBH15-400（P1412130305）（夹件加强）；
（i）片散油箱 SBH15-400（P1412130301）（夹件加强）

5.5.7　不同降噪措施综合应用实例分析

　　将所有降噪措施综合应用在一台 SBH15-315/10 中的降噪效果见表 5-15。从表 5-15 可知，非晶合金变压器磁通密度在不降低的情况下，通过约束铁芯振动最大点、改进夹件结构和改进油箱结构等措施，噪声水平能比南方电网规定的敏感区域声压级降低 3dB，声功率级降低 10dB；噪声水平能比南方电网规定的非敏感区域声压级降低 8dB，声功率级降低 16dB。这些改进措施能为降低非晶合金变压器设计成本提供参考。

表 5-15　采用降噪措施后的噪声水平

产品型号	声级测/dB	南网敏感区域/dB	南网非敏感域/dB	国标/dB
SBH15-M-315/10	40.9/48	44/58	49/64	64

5.6　本章小结

本章分析了 AMDT 在施加不同电压时铁芯振动对器身的上夹件和油箱的稳态振动特性的影响，不同短路电流的下线圈振动对器身的上夹件和油箱的稳态振动特性的影响，不同负载电流下铁芯的振动与器身的振动对上夹件和油箱的稳态振动特性的影响。通过测量上夹件、油箱和线圈振动，并对其产生机理进行分析，提出了有效抑制铁芯与线圈振动的方法，获得了以下主要结论：

（1）AMDT 基本振动信号的频率是电源频率的 2 倍。100Hz 是铁芯与线圈振动的周期。当电压加在一次侧，并且二次侧开路时，上夹件的最大振幅出现在 700Hz，油箱的最大振幅出现在 600Hz。

（2）当额定电压施加在一次侧且二次侧短路时，线圈的振动最大幅值出现在 100Hz。

（3）铁芯振动引起对应 a 相和 c 相位置的上夹件与油箱的振动幅值大于 b 相对应位置的振动幅值。线圈振动引起对应 a 相和 c 相位置的上夹件振动幅值大于 b 相对应位置的振动幅值，但是 b 相对应位置的油箱的振动幅值大于 a 相和 c 相对应位置的振动幅值。

（4）AMDT 铁芯与线圈的振动幅值与负载电流平方的标幺值近似成线性关系。曲线截距代表铁芯的振动。

（5）上夹件与油箱表面焊接加强筋后，振动幅值可下降至 1/3。噪声的测量结果进一步说明推荐的抑制夹件与油箱振动的方法能进一步降低 AMDT 的噪声水平。

（6）研究成果也可用来设计低噪声的 AMDT，这也给设计人员提供了结构设计指导原则：应该加强上夹件与油箱薄弱点。

除以上提到的变压器降噪方法以外，变压器油的黏滞力能有效降低变压器振动波的传播能量。因此，在满足油的冷却特性的情况下，使用高黏滞力的变压器油可减小 AMDT 的噪声。

参 考 文 献

[1] Nathasingh D M, Liebermann H H. Transformer applications of amorphous alloys in power distri-

bution systems [J]. IEEE Transactions on Power Delivery, 1987, PWRD-2 (3): 843~850.

[2] Takahashi K, Azuma D, Hasegawa R. Acoustic and soft magnetic properties in amorphous alloy-based distribution transformer cores [J]. IEEE Transactions on Magnetics, 2013, 49 (7): 4001~4004.

[3] 杨伯君. 低噪声变压器设计 [J]. 变压器, 1990, 27 (11): 10~11.

[4] Ghalamestani S G, Hilgert T G D, Vandevelde L, et al. Magnetostriction measurement by using dual Heterodyne laser interferometers [J]. IEEE Transactions on Magnetics, 2010, 46 (2): 505~508.

[5] Yao X G, Phway P P, Moses A J, et al. Magneto-mechanical resonance in a model 3-phase 3-limb transformer core under sinusoidal and PWM voltage excitation [J]. IEEE Transactions on Magnetics, 2008, 44 (11): 4111~4114.

[6] Javorski M, Slavic J, Boltezar M. Frequency characteristics of magnetostriction in electrical steel related to the structural vibrations [J]. IEEE Transactions on Magnetics, 2012, 48 (12): 4727~4734.

[7] Mae A, Harada K, Ishihara Y, et al. A study of characteristic analysis of the three-phase transformer with step-lap wound-core [J]. IEEE Transactions on Magnetics, 2002, 38 (2): 829~832.

[8] Shirae K. Noise in amorphous magnetic materials [J]. IEEE Transactions on Magnetics, 1984, 20 (5): 1299~1301.

[9] Snell D. Measurement of noise associated with model transformer cores [J]. Journal of Magnetism and Magnetic Materials, 2008, 320 (20): 535~538.

[10] Ilo A. Behavior of transformer cores with multi step-lap joints [J]. IEEE Power Engineering Review, 2002, 22 (3): 5~99.

[11] Chang Y H, Hsu C H, Chu H L, et al. Influence of bending stress on magnetic properties of 3-phase 3-leg transformers with amorphous cores [J]. IEEE Transactions on Magnetics, 2011, 47 (10): 2776~2779.

[12] 梁君, 赵登峰. 模态方法综述 [J]. 现代制造工程, 2006, 8 (49): 139~141.

[13] Rahimpour E, Christian J, Feser K, et al. Transfer Function Method to Diagnose Axial Displacement and Radial Deformation of Transformer Winding [J]. IEEE Power Engineering Review, 2007, 22 (8): 70.

[14] Ahn H M, Lee J Y, Kim J K, et al. Finite-Element Analysis of Short-Circuit Electromagnetic Force in Power Transformer [J]. IEEE Transactions on Industry Applications, 2011, 47 (3): 1267~1272.

[15] Hashemnia N, Abu-Siada A, Islam S. Improved power transformer winding fault detection using FRA diagnostics – part 2: radial deformation simulation [J]. IEEE Transactions on Dielectrics & Electrical Insulation, 2015, 22 (1): 564~570.

[16] Hsieh M F, Hsu C H, Fu C M, et al. Design of Transformer With High-Permeability Ferromagnetic Core and Strengthened Windings for Short-Circuit Condition [J]. IEEE Transactions on

Magnetics, 2015, 51 (11): 1~4.

[17] Mouhamad M, Elleau C, Mazaleyrat F, et al. Short-Circuit Withstand Tests of Metglas 2605SA1-Based Amorphous Distribution Transformers [J]. IEEE Transactions on Magnetics, 2011, 47 (10): 4489~4492.

[18] Mae A, Harada K, Ishihara Y, et al. A study of characteristic analysis of the three-phase transformer with step-lap wound-core [J]. IEEE Transactions on Magnetics, 2002, 38 (2): 829~832.

[19] Garcia B, Burgos J C, Alonso A. Winding deformations detection in power transformers by tank vibrations monitoring [J]. Electric Power Systems Research, 2005, 74 (1): 129~138.

[20] 汲胜昌, 程锦, 李彦明. 油浸式电力变压器绕组与铁芯振动特性研究 [J]. 西安交通大学学报, 2005, 39 (6): 616, 658.

6 微孔板吸声器在非晶合金变压器降噪中的应用

6.1 引言

考虑到 AMDT 在全世界已广泛应用，AMDT 对提高能效和减少二氧化碳排放的作用变得非常重要。但是 AMDT 铁芯的磁致伸缩比传统硅钢片配电变压器的要大，因此，AMDT 不可避免地有更高的噪声。随着人们环保意识的增强，进一步降低 AMDT 噪声的呼声也越来越高。因此采用一些方法降低 AMDT 的噪声十分必要。研究人员已广泛展开对降低由铁芯磁致伸缩引起振动与噪声的研究。尽管开发了一些针对油箱表面的振动测试平台，并提出了一些降噪措施，如前文提到的在铁芯上用绑扎带束缚铁芯、夹件与油箱加焊加强筋等方法，但是无法有针对性地降低某一种频率的噪声。

本章主要介绍采用微孔板、空腔与背衬硬板组成微孔板（micro-perforated Panel，MPP）吸声器来降低 AMDT 可听噪声的方法。我国已故声学专家马大猷先生曾经提出了 MPP 理论在空气条件下的结构设计原则。但是很少有文献介绍 MPP 在变压器油中的应用。微孔板吸声器由一张或多张微孔板和单个空腔或多个空腔组成。微孔板吸声器安装在 AMDT 油箱内侧壁后与内侧壁和油形成亥姆霍兹共振腔，能吸收由铁芯磁致伸缩引起的振动和电动力引起的线圈振动的能量，最终减小变压器的噪声。AMDT 噪声缩减措施在前文已作陈述，并通过实验验证了其有效性。本章主要讨论空腔的数量、空腔的距离、空气空腔、油空腔、油温变化和施加不同的电压对 MPP 吸声器吸声效果的影响。

6.2 微孔板吸声器的基本理论

多孔吸声材料在低频时吸声性能较差，另外多孔吸声材料因其机械强度低和外观较差，不便于清洁和维修，无法用在温度变化的液体中。因此，对于此类场合，往往采用共振吸声原理来解决低频噪声的吸收问题。

6.2.1 微孔板吸声元件结构

在各种薄板上穿微米级的小孔并在板后设置空气腔，穿孔板与后面空气腔组成共振吸声结构，如图 6-1 所示；每个孔与背后的空气腔组成了许多并联的亥姆霍兹（Helmholtz）共振器。微穿孔板结构的主要参数包括板厚 t、穿孔孔径 d、穿孔率 σ 和板后空腔的深度 D。声压为 P_i 的平面声波从 MPP 吸声元件法线方向入射。

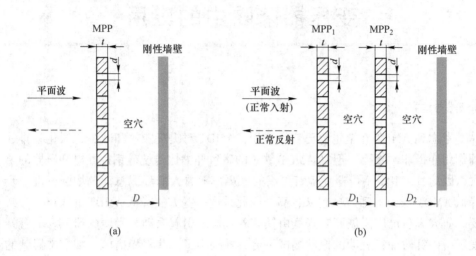

图 6-1　MPP 吸声器结构模型
（a）单层 MPP 结构模型；（b）双层 MPP 结构模型

6.2.2　微孔板吸声原理

由于 MPP 吸声器是由许多并联的亥姆霍兹（Helmholtz）共振器组合成的，因此吸声器可以被看作一个由质量块和弹簧组成的共振系统。当入射波的频率与共振系统的频率一致时，声波将与孔径内的空气和板产生激烈振动摩擦，在共振频率处将形成吸收峰，使声波能量显著衰减；当入射波的频率远离共振频率时，共振系统的吸收作用较小。简单的微孔板能克服多孔材料的许多缺点，值得推广应用。MPP 本身具有令人满意的低声抗值，因而能够提供足够大的声阻抗匹配空气中的特性阻抗，能提高声能吸收率。

在 MPP 模型中如果不考虑穿孔板的质量系数，可以得到如图 6-2 所示的 MPP 吸声器的等效电路模型[1]。在等效电路中，入射平面声波由空气密度 ρ 和声速 c 组成为内阻 ρc 和交流电源 $2P_i$；微穿孔板等效为阻抗 R 和感抗 ωM 的串联电路；后面空腔等效为容抗，等效内阻为 $Z(D)$。

根据单层 MPP 吸声元件的等效模型，MPP 吸声器的总电抗 Z_{total} 由式（6-1）给出：

$$Z_{\text{total}} = R + j\omega M + Z(D) \tag{6-1}$$

式中，R 为声阻抗；ωM 为声电抗；$Z(D)$ 为空气腔容抗。

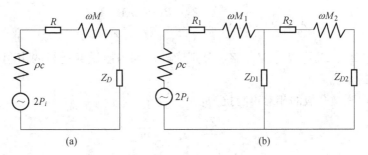

图 6-2 MPP 吸声器结构的等效电路模型

（a）单层 MPP 吸声元件等效电路模型；（b）双层 MPP 吸声元件等效电路模型

其中声阻抗 R 为：

$$R = \frac{32\mu t}{\sigma c d^2}k_r \quad k_r = \sqrt{1 + \frac{k^2}{32}} + \frac{\sqrt{2}}{8}\frac{kd}{t} \tag{6-2}$$

声感抗为：

$$M = \frac{t}{\sigma c}k_m \quad k_m = 1 + 1/\sqrt{9 + \frac{k^2}{2}} + 0.85\frac{d}{t} \tag{6-3}$$

声容抗为：

$$Z_D = j\rho c\cot(\omega D/c) \tag{6-4}$$

其中：

$$k = d\sqrt{f/10} \tag{6-5}$$

$$\omega = 2\pi f \tag{6-6}$$

式中，ρ 为空气密度，kg/m^3；c 为传播介质中的声速，m/s；μ 为流体运动黏度系数，$kg/m \cdot s$；ω 为声角频率，f 为声频率，Hz。

当声波正常入射时，吸声系数为：

$$\alpha = \frac{4r}{(1 + r)^2 + [\omega m - \cot(\omega D/c)]^2} \tag{6-7}$$

其中：

$$r = R/\rho c \tag{6-8}$$

$$\omega m = \omega M/\rho c \tag{6-9}$$

式中，r 为相对声阻抗；ωm 为相对质量阻抗。

根据以上公式，采用不同的参数，将能设计出不同频率段的吸声器。

两张微孔板配相应的空腔将组成双层 MPP 吸声器，如图 6-1（b）所示。双层 MPP 共振吸收器将进一步扩宽吸收频带，延伸吸收低频分量。

根据双层 MPP 吸声器的结构和等效电路图，可推导出双层串联微穿孔板的声阻抗率为[2]：

$$Z_s = R_1 + j\omega M_1 + \frac{Z_{D_1}(R_2 + j\omega M_2 + Z_{D_2})}{R_2 + j\omega M_2 + Z_{D_1} + Z_{D_2}} \tag{6-10}$$

式中，R_1、M_1、Z_{D_1}、R_2、M_2、Z_{D_2} 分别为外层和内层微穿孔板的声阻抗、声感抗及空腔的容抗。

双层串联微孔板的相对声阻抗为：

$$z_s = \frac{Z_s}{\rho c} = r_s + j\omega m_s \tag{6-11}$$

经过数学运算及简化得：

相对声阻为：

$$r_s = r_1 + \frac{r_2 \cot^2 \dfrac{\omega D_1}{c}}{r_2^2 + \left(\omega m_2 - \cot \dfrac{\omega D_1}{c} - \cot \dfrac{\omega D_2}{c}\right)^2} \tag{6-12}$$

相对声质量为：

$$m_s = \left(\omega m_1 - \cot \frac{\omega D}{c}\right) + \frac{\cot^2 \dfrac{\omega D}{c}\left(\omega m_2 - \cot \dfrac{\omega D_1}{c} - \cot \dfrac{\omega D_2}{c}\right)}{r_2^2 + \left(\omega m_2 - \cot \dfrac{\omega D_1}{c} - \cot \dfrac{\omega D_2}{c}\right)^2} \tag{6-13}$$

式中，r_1、r_2、m_1、m_2 可由式（6-2）、式（6-3）、式（6-8）、式（6-9）计算而得。吸声系数计算参考公式（6-7）。

6.2.3　微孔板吸声器的设计与安装

变压器的振动是因为磁致伸缩的应力随 2 倍电源频率变化而产生。周期性的磁动力引起铁芯叠片间的相互作用，产生噪声。线匝或线圈松动时，周期性的相互作用力也能引起载流线圈振动。在变压器运行期间，铁芯与线圈振动先传播到夹件；水平方向的振动能量也通过线圈与铁芯的零部件及附件结构传播，最终由本体与油箱空间的油流传播到油箱。从文献［3］可知，通过分析油箱表面的振动特性可以监测变压器运行状况。

本节根据 AMDT 振动特性和式（6-1）～式（6-13），设计了 MPP 吸声器。为了缩小 AMDT 的振动噪声，单层 MPP 安装在油箱内壁的四周，为了进一步减小噪声，让吸声器的吸收频带扩宽，双层 MPP 安装在油箱内壁侧，分割原 MPP 吸声器的单层空腔。微孔板的板材为铝板，微孔孔径 d 为 0.4mm，穿孔率 σ 为 0.005，板的厚度 t 为 1mm，空腔距离 D 为 80mm 和 60mm；当采用双层微孔板时，分隔原单层时的空腔的距离，80mm 的空腔被分成 60mm 和 20mm；60mm 的空腔 D 被分割成 40mm 和 20mm。单层与双层 MPP 吸声器结构与安装方式如图 6-3 和图 6-4 所示。

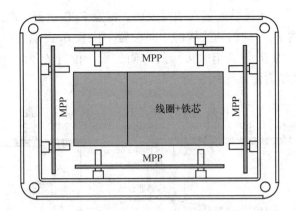

图 6-3 单层微孔板安装示意图

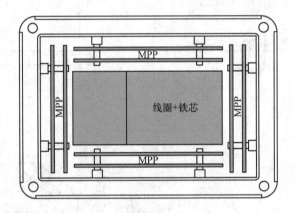

图 6-4 双层微孔板安装示意图

6.3 实验装置和程序

为了研究 AMDT 的振动特性，在三相 SBH15-10-10/0.4 AMDT 中取一只外框和内框的铁芯组合和漆包铜线组成的激励线圈制作成单相变压器模型作为测试对象，线圈与铁芯的额定参数见表 6-1。所选油箱长度为 460mm，宽度为 310mm，高度为 240mm。

表 6-1 AMDT 铁芯与线圈参数

类型	尺 寸				叠片系数	线圈匝数
	A/mm	B/mm	C/mm	D/mm		
铁芯Ⅰ	105	100	30.5	142.24	0.84	28
铁芯Ⅱ	105	50	30.5	142.24	0.84	

　　如图6-5所示，传感器安装在油箱表面，位置F_2在油箱前面的中间位置，位置F_1和F_3分别为F_2与油箱两边缘的中间位置。位置B_2在油箱后面的中间位置，位置B_1和B_3分别为B_2与油箱两边缘的中间位置。位置L_1为油箱左侧的中间位置，位置R_1为油箱右侧的中间位置。

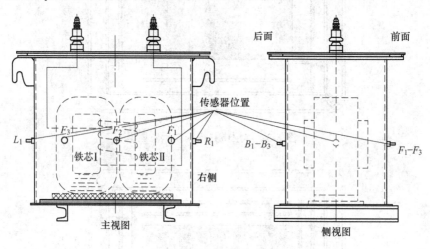

(a)

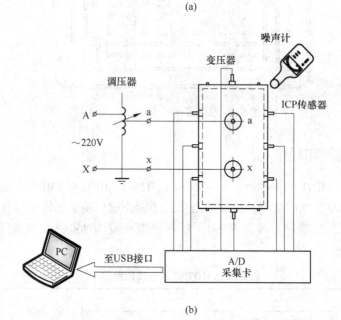

(b)

图6-5　AMDT单相变压器模型振动与噪声水平测试平台

(a) 油箱表面传感器的布置；(b) 振动与噪声测量装置

　　多通道振动测试平台如图6-5 (b) 所示。测试系统由信号采集和数据处理单元组成。前者由振动传感器组成，后者由 A/D 采集卡和计算机组成。振动传感器的性能参数与选用、Fluk945 噪声计的性能参数和 A/D 采集卡的性能参数在第 3 章已详细描述过，本章不再重述。

6.4 实验结果

为方便比较，本章测试了安装微孔板的油箱中无油时，油箱表面的典型振动特性。根据振动特性，设计了吸收对应特征频率的 MPP 吸声器，对 MPP 的吸声系数进了仿真计算；本章还研究了 MPP 不同的空腔距离对吸声特性的影响，变压器油空腔对 MPP 吸声特性的影响，不同油温对 MPP 吸声特性的影响，施加不同电压对 MPP 吸声特性的影响。

6.4.1 油箱表面的振动特性

当在激励线圈中施加额定电压时，无对应的输出侧，与第 5 章所述的空载运行状态一致。油箱表面典型的频域振动波形如图 6-6 所示。经 FFT 分析显示振动频率范围为 0~1000Hz，振动幅值最大的点集中在 200~300Hz。图 6-6（a）、（b）表明，油箱表面的前面和后面的最大振动幅值出现在 200Hz；图 6-6（c）、（d）表明，油箱表面的左侧面和右侧面的最大振动幅值出现在 300Hz；并且左侧面和右侧面的振动比前后面振动幅值大 2 倍以上。从第 4 章铁芯振动分析可知，因为没有夹件的影响，铁芯两柱的中部振幅值较大，通过空气水平传播到油箱表面，而正对油箱前后面的方向与主磁通的磁力线方向一致，此方向的振动幅值较小，通过空气传播到油箱表面的振动能量也小，对应位置 F_2 和 B_2 的振动幅值比位置 L_1 和 R_1 的振动幅值小很多。

由于振动能量主要集中在 200~300Hz，若能吸收该频段中的大部分能量，变压器的振动幅值与噪声水平将大幅度下降。采用单层微孔板的 MPP 的吸声系数在理想状况下应在该频率范围内最大，吸声系数 α 应大于 0.5；采用双层微孔板吸声器时，吸声系数的最大值对应的频率也应在 200~300Hz 之间，吸声系数 α 应大于 0.5，并且吸收的频带进一步加宽。

6.4.2 微孔板的吸声系数

根据图 6-6 振动特性频谱图可知，在频率 200Hz 或 300Hz 时，振动幅值最大，明显高出其他频率下的幅值。如果设计的 MPP 吸声器能够吸收 200Hz 或 300Hz 频段的振动能量，则由 AMDT 产生的噪声将大大降低，所设计 MPP 的吸声系数在该频段下也应大于 0.5 以上。单层 MPP 吸声器的吸声系数 α 如图 6-7（a）所示，根据式（6-1）~式（6-9）计算可得，MPP 微孔板的孔径 d 为 0.4mm，穿孔率 σ 为 0.005，铝板的厚度 t 为 1mm，空腔的深度 D 分别为 60mm

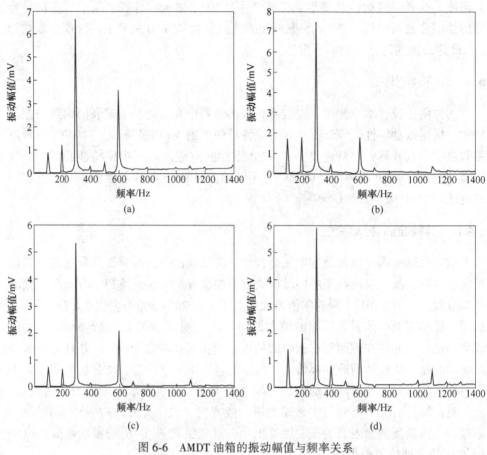

图 6-6　AMDT 油箱的振动幅值与频率关系

（a）F_2点；（b）B_2点；（c）L_1点；（d）R_1点

和 80mm。双层 MPP 吸声器和吸声系数 α 如图 6-7（b）所示。

　　根据理论计算的仿真计算系数，选用空腔深度为 80mm 的单层 MPP，双层 MPP 吸声器的内层空腔深度为 20mm，外层空腔深度为 60mm。以下进行单层与双层 MPP 吸声器在各种情况下的吸声效果验证。

6.4.3　微孔板吸声器的空气腔对振动特性的影响

　　AMDT 振动与噪声测试如图 6-5 所示，施加电压为 63 V，AMDT 工作在额定状态时，在 AMDT 油箱内壁无 MPP、安装单层 MPP、安装双层 MPP 的条件下，分别进行振动测试。总的空腔距离 D 为 80mm，安装双层 MPP 时，根据式（6-10）~式（6-13），空腔被分成内空腔为 20mm 和外空腔为 60mm。图 6-8（a）~（d）所示分别为油箱表面不同位置在油箱内壁没有安装 MPP 吸声器、安装了单层 MPP 吸声器和安装双层 MPP 吸声器后的振动幅频特性。

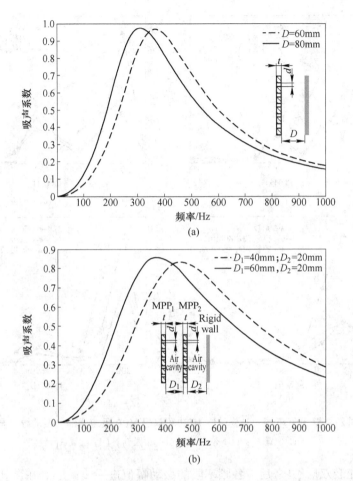

图 6-7　根据理论计算的 MPP 吸声器吸声系数

(a) 单层 MPP；(b) 双层 MPP

油箱内壁没安装吸声器时，位置 F_2、B_2 和 R_1 的最大振幅出现在 200Hz，位置 L_1 的最大振幅出现在 300Hz。由图 6-8（a）~（b）可以看出，300Hz 时安装有 MPP 的油箱上 F_2 和 B_2 点的振动幅值与无板时相比反而增大了，可能是因为 200Hz 时的振动动能在孔内与空气的振动与孔的摩擦占优势，影响 300Hz 能量的吸收，并且其产生的热能和透射过的振动能量加强了其振动能量。在平行于 x 轴方向，AMDT 心柱与旁柱的中心位置振动幅值最大，振动能量通过器身（铁芯、线圈及附件组合体）与油箱壁间的空气平行传播，振动能量有所减少，但对应位置能量还是较大。从图 6-8 可以看出，加装单层微孔板后，与无微孔板相比较，在 200Hz 时，位置 F_2、B_2 和 R_1 的振动幅值由 2.18mV、2.85mV、2.851mV 降到 0.60mV、1.11mV、1.761mV；在 300Hz 时，位置 L_1 的振动幅值由 5.22mV 降到

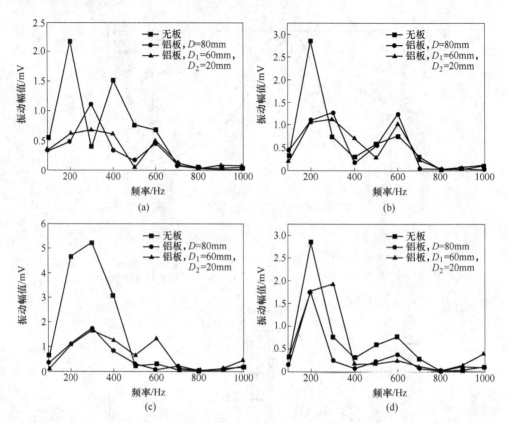

图 6-8 在油箱内壁无吸声器、安装单层 MPP 和双层 MPP 吸声器油箱振动幅值与频率关系
(a) 位置 F_2; (b) 位置 B_2; (c) 位置 L_1; (d) 位置 R_1

1.76mV。加装双层 MPP 后, 各频率段的振动幅值进一步减小。在微孔内声波粒子的速度与黏滞力大, 振动能量转化为热能, 所以到达油箱表面的振动幅值减小, 通过油箱辐射的噪声也相应减小。

表 6-2 表明, 油箱内侧壁加装单层 MPP 后, 与没有加装吸声器前比较, 噪声水平 (声压级, SPL) 由 46.6dB (A) 下降到 43.5dB (A), 加装双层 MPP 后, 噪声进一步下降到 41.9dB (A)。实验表明, 在总空腔体积不变的情况下, 把单空腔用微孔板分隔成多空腔能改善 MPP 吸声器的吸声特性。

表 6-2 空气空腔中安装不同 MPP 后声压级 (SPL)

项　目	声压级水平 (SPL)/dB (A)
无板	46.6
单层 MPP	43.5
双层 MPP	42.0

6.4.4 微孔板吸声器的充油空腔对吸声效果的影响

常温时，油箱内充满 25 号变压器油，振动测试分别在油箱内壁无板、安装单层 MPP 和双层 MPP 的条件下进行。安装单层与双层 MPP 时，空腔总深度和空腔总体积不变。双层 MPP 只是将单层 MPP 吸声器空腔分割成不同距离深度的小空腔。

图 6-9 所示为 MPP 空腔注入 25 号变压器油后，油箱表面振动幅值与频率之间的关系。位置 F_2、B_2、L_1 和 R_1 的最大振动幅值都出现在 200Hz。该种状况下油箱表面的振动规律与 AMDT 铁芯的振动规律一致。在常温条件下，声波在变压器油中的传播速度是空气中传播的 3 倍左右，因此可以推断出声波在变压器油中的传播干扰要小于空气中的干扰。振动波是由粒子组成的物质相互作用产生的，并通过大分子间相互作用力迅速引起周围分子振动，使振动声波通过媒介传播。在油中声波的传播速度要比在空气中大。这是因为变压器油的动力黏度系数小，

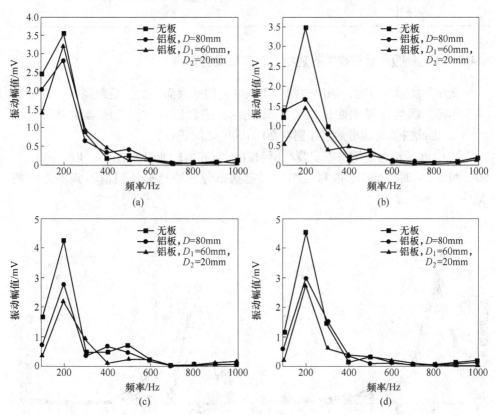

图 6-9 MPP 空腔充满变压器油时，油箱振动幅值与频率之间的关系

(a) 位置 F_2；(b) 位置 B_2；(c) 位置 L_1；(d) 位置 R_1

根据式 (6-2) 和式 (6-3) 可得, 油中的声阻抗比空气中要小, 能量通过声阻抗转换成热能的数量要比在空气中小。

表 6-3 为油箱表面的声压级, MPP 吸声器有一个距离油箱壁 80mm 的空腔。因为微孔内的声波粒子速度和黏滞摩擦力比较大, 与不装 MPP 相比, 噪声的声压级从 47.8dB 下降到 44.1dB。当空腔距离用两层 MPP 分割成外腔 60mm 和内腔 20mm 时, 与单层 MPP 相比, 油箱表面的声压级从 44.1dB 下降到 43.3dB。因此, 将空腔分割成不同距离的空腔能改善 MPP 吸声器的吸声效果。

表 6-3   变压器油空腔中安装不同 MPP 后声压级 (SPL)

项 目	声压级水平 (SPL)/dB(A)
无板	47.8
单层 MPP	44.1
双层 MPP	43.4

6.4.5   微孔板吸声器空腔中的油温对吸声效果的影响

变压器实际运行时, 油温会随着负载电流的增大而增大, 负载越人, 变压器油温越高。因为油浸式变压器为 A 级绝缘, 正常运行时, 变压器油温不超过 105℃。因此振动测试将油温控制在 20~100℃ 之间进行。

图 6-10 所示为油箱内壁安装单层 MPP, 空腔内的油温为 20℃、40℃、60℃、80℃ 和 100℃ 时, AMDT 铁芯工作在额定状态时的油箱振动幅值与频率之间的关系。

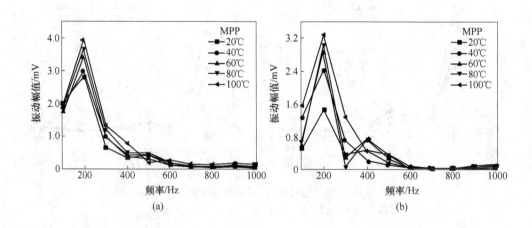

(a)   (b)

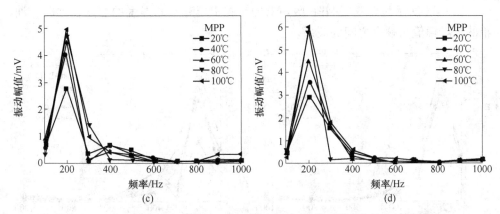

图 6-10 当油箱内壁安装单层 MPP，在空腔中填充不同温度的变压器油时，
油箱振动幅值与频率之间的关系
(a) 位置 F_2；(b) 位置 B_2；(c) 位置 L_1；(d) 位置 R_1

众所周知，25 号变压器油的运动黏度随变压器油温的增加而减小（表6-4）。根据式（6-2），变压器油温度越高，MPP 声阻抗越小。当变压器油温增加时，微孔内的声波质点速度很高，而黏滞摩擦力将变小。当质点速度在微孔内变大时，能量吸收变小。因此当油温升高时，油箱振动强度变大，噪声水平将变高。表 6-5 表明不同温度下，油箱内壁安装单层 MPP，空腔距离为 80mm 时，随油温的增加，声压级水平由 44.1dB 增加到 47.6dB。

表 6-4   25 号变压器油在不同温度下的黏度

运动黏度	温度/℃	黏度/kg·(ms)$^{-1}$
	20	0.116350
	40	0.003026
μ	60	0.000502
	80	0.000083
	100	0.000014

表 6-5   单层 MPP 空腔中注入不同温度的变压器油时油箱的声压级 (SPL)

温度/℃	20	40	60	80	100
声压级水平 (SPL)/dB	44.1	45	45.6	46.2	47.6

通过分割 MPP 吸声器空腔，在不增加空腔体积的情况下，单个空腔分成多个串联的空腔，能扩宽 MPP 的吸声频带，从而提高 MPP 吸声器的吸收性能。

　　图 6-11 所示为在双层 MPP 吸声器的空腔中填充不同温度的变压器油时，油箱的振动幅值与频率之间的关系。

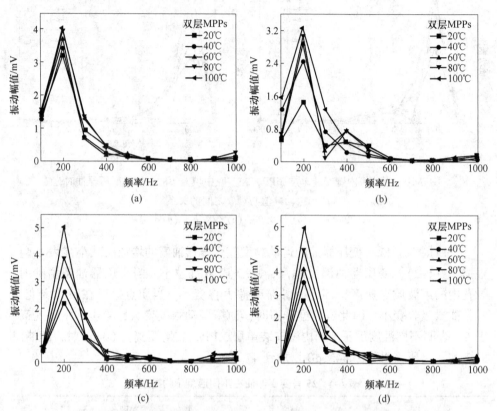

图 6-11　油箱内壁安装双层 MPP，并在空腔中填充不同温度的变压器油时，
油箱振动幅值与频率之间的关系
(a) 位置 F_2；(b) 位置 B_2；(c) 位置 L_1；(d) 位置 R_1

　　表 6-6 表明在油箱内壁安装双层 MPP 微孔板，空腔内注入不同的油温时，油箱表面的噪声水平。

表 6-6　双层 MPP 空腔中注入不同温度的变压器油时，变压器声压级（SPL）

温度/℃	声压级水平（SPL）/dB
20	43.4
40	44.1
60	44.8
80	45.2
100	46.7

6.4.6 不同电压对微孔板吸声器吸声效果的影响

油箱内侧壁装有单层微孔板，当电压分别施加到额定电压的 0.9、1.0 和 1.05 倍时，分别对油箱表面进行振动测试。

图 6-12 所示为当 AMDT 模型加不同电压，安装单层 MPP 吸声器，其空腔内注满常温变压器油时油箱表面振动幅值与频率之间的关系。由于铁芯振动加速度与磁致伸缩系数和所加电压的平方成正比：

$$a_c = \frac{v}{t} = \frac{\mathrm{d}^2(\Delta L)}{\mathrm{d}t^2} = -\frac{2\lambda_s LU_0^2}{(N_1 A\omega B_s)^2}\cos 2\omega t \tag{6-14}$$

AMDT 振动幅值随着施加电压的增大而增加。铁芯的振动变化与式（6-14）的理论预测一致。电压增加足够大时，AMDT 铁芯将过励磁，振动和噪声将急剧上升。如表 6-7 所示，当电压从 0.9 倍额定电压加到 1.05 倍额定电压时，油箱表

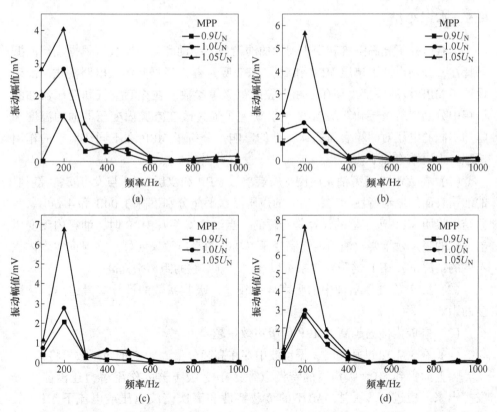

图 6-12 油箱内壁安装单层 MPP，并在空腔中填充常温变压器油，
油箱振动幅值与频率之间的关系

（a）位置 F_2；（b）位置 B_2；（c）位置 L_1；（d）位置 R_1

面的噪声水平由 41. 13dB 增加到 47. 38dB。当 AMDT 过励磁时，因为存在高次谐波分量，无法采用设定好的 MPP 降低由高频分量引起的振动。

表 6-7 单层 MPP 空腔中注入常温变压器油时，施加不同电压时变压器的声压级水平 （SPL）

施加电压	声压级水平 （SPL）/dB （A）
$0.9U_N$	41. 3
$1.0U_N$	44. 1
$1.05U_N$	47. 4

当 AMDT 油箱安装双层 MPP 时，油箱的振动特性变化规律与图 6-12 一致，只是幅值稍微小些。

6.5 本章小结

本章研究了充满空气和变压器油的油箱稳态振动和噪声特性。根据油箱的振动特性，分别设计了单层 MPP 和双层 MPP 吸声器，根据其等效电路模式，准确设计了 MPP 板的厚度、穿孔率和空腔的距离等参数。在充满空气和变压器油的油箱中分别安装单层和双层 MPP 时，研究了通过改变空腔内变压器油的温度和施加不同的电压对油箱表面振动特性的影响。分析了 MPP 在不同环境下的作用机理。主要结论如下：

（1）在 AMDT 模型油箱内侧壁安装单层 MPP 和双层 MPP 与没有安装吸声器的油箱表面的振动特性相比，油箱的声压级水平能分别下降 3.0dB 和 4.6dB。实验结果表明 MPP 吸声器的设计是合理的。当油箱安装有 MPP 时，油箱内无变压器油时的吸声效果要比油箱内充满变压器油时的吸声效果要好。在保证空腔体积不变的情况下，MPP 的吸声效果可以通过分割空腔的距离来提高。

（2）MPP 在变压器油中的吸声效果较弱，吸收系数的计算应考虑热力学温度的影响。

（3）空腔内油温越高，MPP 的吸声效果越差。

（4）在 AMDT 过励磁时，振动波中存在高频分量，MPP 的吸声效果将减弱。

除上面提到 MPP 吸声器的特性以外，MPP 吸声器的作用潜力还没能充分发挥出来。应进一步关注 AMDT 的负载特性和高次谐波电压或电流下 MPP 吸声器的吸声特性，以更好控制 AMDT 噪声。为了更好地发挥 MPP 吸声器的作用，将阻抗匹配材料粘在 MPP 表面可能是 MPP 安装在变压器油中的最好选择。

参 考 文 献

[1] Maa D Y. Practical single MPP absorber [J]. International Journal of Acoustic and Vibration, 2007, 12 (1): 3~6.

[2] 张军峰, 王敏庆, 刘彦森等. 高温下双层串联微穿孔板结构声学特性研究 [J]. 压电与声光, 2009, 31 (1): 139~141.

[3] García B, Burgos J C, Alonso Á M. Transformer tank vibration modeling as a method of detecting winding deformations-Part I: theoretical foundation [J]. IEEE Transactions on Power Delivery, 2006, 21 (1): 157~163.

7 非晶合金变压器噪声预测软件

7.1 引言

三相非晶合金油浸式变压器噪声预测系统由江西理工大学电气工程与自动化学院高电压与绝缘技术实验室设计。设计三相非晶合金油浸式变压器噪声预测系统的目的是为了缓解当今非晶合金油浸式变压器噪声过大、设计时效长等问题，该软件系统通过对多种可行的设计方案进行噪声预测，经过比较不同方案，可为变压器设计者或厂家提供变压器最优设计方案，达到降低变压器噪声、缩短设计时长与降低设计成本的目的。

7.2 软件系统的开发环境

（1）软件系统的操作平台：Windows XP、Windows2003、Windows7、Windows10；

（2）软件系统的数据库：Microsoft Access 2010；

（3）软件系统的开发平台：Microsoft Visual Basic 6.0；

（4）软件系统的开发语言：VB 6.0。

7.3 软件系统的总体设计

7.3.1 软件系统设计流程

三相非晶合金油浸式变压器噪声预测系统的设计通过结构化设计方法实现，基本流程为：首先对软件系统进行总体结构设计，其次把整个开发系统的过程分为多个设计阶段（如系统组织结构设计、系统模块划分设计、系统运行设计、系统数据结构设计等），最后通过编写程序将所有设计界面交互融合。根据软件系统的设计方法，软件系统的操作界面采用 Microsoft Visual Basic 6.0 软件进行开发设计，通过编码分别实现每个界面模块的功能，将软件系统的所有界面进行交互链接。最后，通过对软件系统测试与完善，完成软件系统的开发。三相非晶合金油浸式变压器噪声预测系统开发流程如图 7-1 所示。

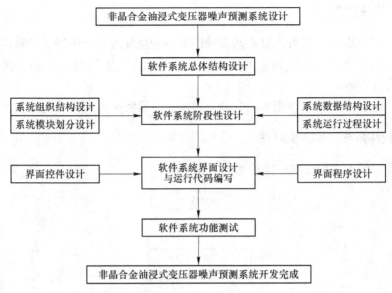

图 7-1 三相非晶合金油浸式变压器噪声预测系统开发流程

7.3.2 软件系统功能

三相非晶合金油浸式变压器噪声预测系统主要有以下几方面的功能：

（1）可选择各种变压器型号，对不同型号的非晶合金变压器进行噪声预测。

（2）可调整铁芯参数与变压器结构参数的初始设定值，进行噪声预测，用于优化设计方案。噪声预测公式如式（7-1）～式（7-5）所示；

$$L_p = C_1 + 19\log(W_{txz}/1000)/\log(10) - 20\log(((D_{txk} + \tag{7-1}$$
$$C_{txh})N_{txcs} \times 2/1000)/\log(10) + k_1(k_2 - B_m) + k_3$$

$$S_2 = 1.25H_{byqg}L_{lkxc} \tag{7-2}$$

$$\beta = 10\log(1 + 4S_2/(S_1\alpha))/\log(10) \tag{7-3}$$

$$S = Lp - \beta \tag{7-4}$$

$$L_w = S + 10\log(S_2)/\log(10) \tag{7-5}$$

式中，L_p 为铁芯噪声（声压级）；S_2 为测量面积；S 为表面声级；L_w 为声功率级；W_{txz} 为铁芯重量；D_{txk} 为铁芯宽度；C_{txh} 为铁芯厚度；N_{txcs} 为铁芯层数；B_m 为磁通密度；C_1、k_1、k_2、k_3 分别为设定系数；H_{byqg} 为变压器高度；L_{lkxc} 为轮廓线长度；α、β 分别为吸声系数与环境修正值。

（3）计算结果可以进行浏览与保存。

（4）可对计算结果以计算单的形式输出与保存。

7.3.3　软件系统需求

（1）要求软件系统可以对不同型号的非晶合金油浸式变压器进行噪声预测。

（2）要求软件系统计算速度快，对多种可行方案进行噪声预测，找出噪声最小的设计方案。

（3）软件系统可以输出非晶合金油浸式变压器噪声预测结果的计算单。

7.3.4　软件系统功能实现描述

系统软件系统功能实现流程如图 7-2 所示。

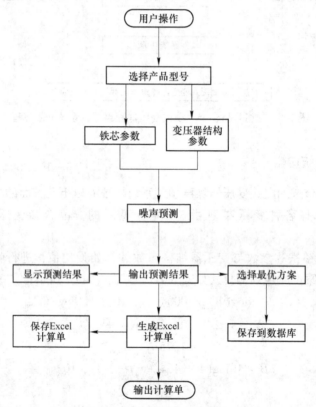

图 7-2　三相非晶合金油浸式变压器噪声预测系统功能实现流程

该软件系统的主要功能是对非晶合金油浸式变压器的设计方案进行噪声预测，最终确定非晶合金油浸式变压器可行的最优设计方案，以供变压器设计厂家与设计者参考。首先，用户选取需要进行噪声预测的产品型号；其次，根据所选的产品型号确定铁芯参数与变压器结构参数，进行噪声预测；最后，输出噪声预测结果，噪声预测结果可根据不同方式的输出与保存。三相非晶合金油浸式变压器噪声预测系统重点是从中找出噪声最优的变压器设计方案。

7.3.5 软件系统总体结构设计

该软件系统设计采用结构化设计方法，按照三相非晶合金油浸式变压器噪声预测系统软件功能实现流程，把整个软件系统的开发过程分为多个阶段进行设计。首先，设计软件系统的窗口界面；其次，对开发的窗体界面进行功能模块设计；最终，对每个窗口界面进行程序设计与界面交互，完成软件系统的开发。软件系统总体结构分为 3 部分，分别为三相非晶合金油浸式变压器噪声预测系统主界面、输入铁芯参数与变压器结构参数界面和输出噪声预测结果界面，通过系统运行程序实现界面功能。根据软件系统的设计过程，构建出三相非晶合金油浸式变压器噪声预测系统的软件总体结构设计图，如图 7-3 所示。

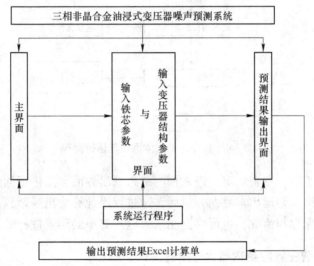

图 7-3　三相非晶合金油浸式变压器噪声预测系统的软件总体结构设计

7.3.6 软件系统总体运行流程设计

通过三相非晶合金油浸式变压器噪声预测系统的总体结构设计流程，对该软件系统的操作与运行流程进行描述，软件总体操作与运行流程如图 7-4 所示。

首先，用户进入三相非晶合金油浸式变压器噪声预测系统主界面，该界面自动显示用户信息与记录噪声预测时间，手动选择需要优化的产品型号，点击确定，进入输入铁芯参数与变压器结构参数界面。其次，根据选取的产品型号，确定需要进行噪声预测的设计方案，将设计方案中的铁芯参数与变压器结构参数输

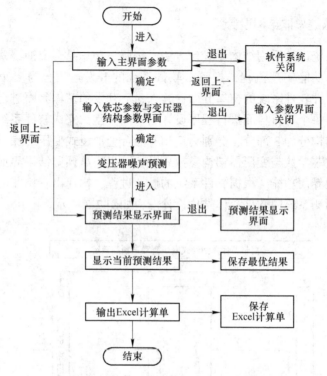

图 7-4   软件系统总体操作与运行流程

入对应界面文本框，点击确定，进入预测结果输出界面。点击返回，则返回上一界面；点击退出，则退出本界面。最后，通过程序计算输出噪声预测结果，可对预测结果进行保存与清除，也可将预测结果以计算单的形式进行输出与保存。

7.3.7   软件系统主界面结构与运行流程设计

　　三相非晶合金油浸式变压器噪声预测系统的首个界面为软件系统的主界面，主界面中设计了选择变压器型号的下拉选项框，以实现对不同型号的非晶合金油浸式变压器进行噪声预测；同时，设计了显示用户相关信息（如用户名、用户使用时间等）。除此之外，主界面还设计了进入输入噪声预测计算参数界面、开始噪声预测、显示预测结果等单击按钮。根据三相非晶合金油浸式变压器噪声预测系统的主界面设计要求，构建主界面结构设计图，如图 7-5 所示。

　　根据图 7-5 对三相非晶合金油浸式变压器噪声预测系统的主界面结构设计，对该软件系统主界面的操作运行流程进行相应的介绍。进入主界面，界面首先显示用户相关信息与操作使用日期；其次，选取所要进行噪声预测的变压器型号，点击输入数据按钮，即可进入参数设置界面；点击输入噪声预测按钮，即可进行

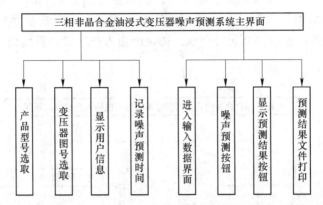

图 7-5 三相非晶合金油浸式变压器噪声预测系统主界面结构设计

噪声预测；点击预测结果显示按钮，即可进入预测结果界面，查看相应预测结果；最后，可对预测结果进行打印。三相非晶合金油浸式变压器噪声预测系统的主界面运行流程如图 7-6 所示。

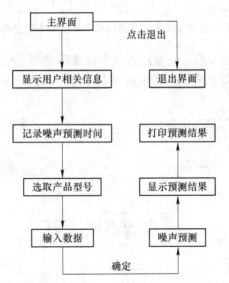

图 7-6 三相非晶合金油浸式变压器噪声预测系统主界面运行流程

7.3.8 输入产品参数界面结构与运行流程设计

输入产品参数界面为三相非晶合金油浸式变压器噪声预测系统的第二个界面，该界面用于噪声预测相关参数的输入。输入产品参数界面设计了噪声预测所需的两部分参数输入框，分别用于铁芯参数与变压器结构参数设定。如铁芯参数包括铁芯厚度、铁芯宽度、铁芯重量、铁芯系数（K_1、K_2、K_3）与磁通密度等参数。变压器结构参数包括变压器高度、吸声系数 α、测试室面积与背景噪声等。根据输入产品参数界面设计要求，构建出输入产品参数界面结构设计图，如图 7-7 所示。

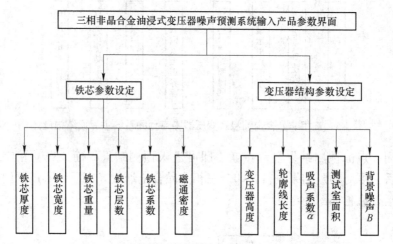

图 7-7 三相非晶合金油浸式变压器噪声预测系统输入产品参数界面结构设计

根据图 7-7 对三相非晶合金油浸式变压器噪声预测系统中输入产品参数界面的结构设计，进一步对该界面运行流程进行介绍。如图 7-8 所示，首先输入铁芯

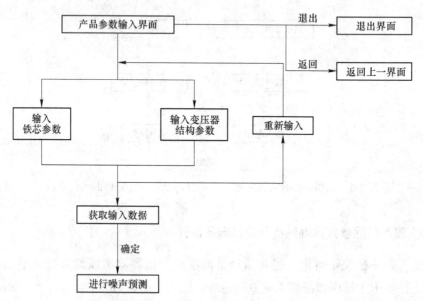

图 7-8 三相非晶合金油浸式变压器噪声预测系统输入产品参数界面运行流程

相关参数，再输入变压器结构参数。该界面除了设计各种产品参数的输入，还设计了一些辅助性的按钮，如重新输入按钮，可以一次性清除所有输入数据，以便操作人员对相同型号不同设计方案中的参数进行修改。当全部参数输入完成后，点击确定，可进行噪声预测；点击返回，可返回上一界面（主界面）；点击退出按钮，可退出噪声预测系统运行界面。

7.3.9　预测结果输出界面结构与运行流程设计

预测结果输出界面设计是三相非晶合金油浸式变压器噪声预测系统设计中最为重要的一步，该界面用于显示变压器进行噪声预测后所得的相关噪声评价参数。噪声评价参数包括铁芯噪声（声压级）、测量面积、环境修正值、表面声级、声功率级等。除此之外，界面设计显示产品型号、预测时间、变压器图号等。为了更好地处理预测数据，本界面设计输出 Excel 计算单以确保数据更好的保存。根据所需实现的功能，设计预测结果输出界面结构设计图，如图7-9所示。

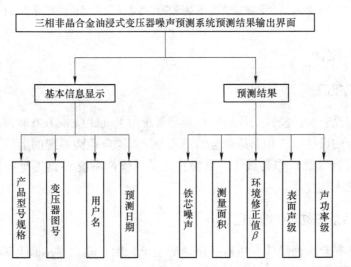

图 7-9　三相非晶合金油浸式变压器噪声预测系统预测结果输出界面结构设计

通过上述对三相非晶合金油浸式变压器噪声预测系统预测结果界面结构设计，进一步对该界面运行流程进行介绍。如图 7-10 所示，预测结果主要是在噪声预测结束后，通过程序提取预测结果，自动显示到预测结果输出界面。如果对预测的结果不满意，可重新预测其他变压器设计方案。对预测结果满意的设计方案，可进行输出变压器 Excel 计算单，并可将预测结果保存在 Excel 计算单与 Access 数据库中。

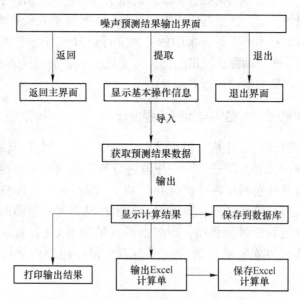

图 7-10   三相非晶合金油浸式变压器噪声预测系统预测结果输出界面运行流程

7.4   接口设计

7.4.1   人机接口

三相非晶合金油浸式变压器噪声预测系统由 Visual Basic 6.0 软件实现人机交互操作系统的设计。三相非晶合金油浸式变压器噪声预测系统的运行过程需要由硬件设备（计算机）作为载体，由操作人员对软件系统界面进行操作，最终实现软件系统人机交互。

7.4.2   软件系统数据传输接口

三相非晶合金油浸式变压器噪声预测系统采用了输出 Excel 计算单与 Access 数据库的方式保存噪声预测数据。通过编写 VB 程序，完成 VB 与 Excel 之间数据传输接口的创建，从而实现预测数据以计算单的方式输出；其次，采用添加 ADO 控件，实现 VB 系统与 Access 数据库之间数据的传输，最终实现噪声预测数据存储在 Access 数据库中。为了更好地解决软件数据传输的方式，举例介绍输出 Excel 数据文件的传输方式，数据传输部分代码如下：

```
Dim exlApp As New Excel. Application
Dim exlbook As Excel. Workbook
Dim exlSheet As Excel. Worksheet
```

exlApp. Workbooks. open App. Path & " \ 噪声预测计算单 . xls"

exlApp. ActiveWorkbook. saveas App. Path & " \ 噪声预测计算单 \ " & zaoshengyuce & " -0. xls"

exlApp. Workbooks. Close

Set exlApp = Nothing

exlApp. Workbooks. open App. Path & " \ 噪声预测计算单 . xls"

exlApp. Visible = True

……

exlApp. Sheets（"Sheet1"）. Range（"A2"）= LpdB

exlApp. Sheets（"Sheet1"）. Range（"B2"）= clS2

exlApp. Sheets（"Sheet1"）. Range（"C2"）= hjxz

exlApp. Sheets（"Sheet1"）. Range（"D2"）= SdB

exlApp. Sheets（"Sheet1"）. Range（"E2"）= LwdB

exlApp. Sheets（"Sheet1"）. Range（"A3"）= txhC

exlApp. Sheets（"Sheet1"）. Range（"B3"）= txkD

exlApp. Sheets（"Sheet1"）. Range（"C3"）= txzWt

exlApp. Sheets（"Sheet1"）. Range（"D3"）= k1

exlApp. Sheets（"Sheet1"）. Range（"E3"）= txcsN

exlApp. Sheets（"Sheet1"）. Range（"F3"）= k2

exlApp. Sheets（"Sheet1"）. Range（"G3"）= k3

exlApp. Sheets（"Sheet1"）. Range（"H3"）= C1

exlApp. Sheets（"Sheet1"）. Range（"I3"）= ctmBm

exlApp. Sheets（"Sheet1"）. Range（"A4"）= byqgH

exlApp. Sheets（"Sheet1"）. Range（"B4"）= lkxcL

exlApp. Sheets（"Sheet1"）. Range（"C4"）= xbcof

exlApp. Sheets（"Sheet1"）. Range（"D4"）= csS1

exlApp. Sheets（"Sheet1"）. Range（"E4"）= bnBdB

7.4.3 软件系统容错性设计

在使用 Visual Basic 6.0 开发的三相非晶合金油浸式变压器噪声预测系统进行噪声预测时，三相非晶合金油浸式变压器噪声预测系统本身不带捕捉预测过程中出错的提示功能，解决预测过程出错的问题是由程序设计者通过特定的调试方法对整个系统进行程序的检测与修改。当系统软件运行出错时，系统会自动终止运行，返回初始界面。因此，在三相非晶合金油浸式变压器噪声预测系统投入使用之前要排除软件所有可能出现的错误，不断进行维护与更新。

7.5 软件系统界面设计

7.5.1 软件系统主界面设计

根据非晶合金油浸式变压器噪声预测系统主界面结构与运行流程设计，设计的软件系统主界面如图 7-11 所示。

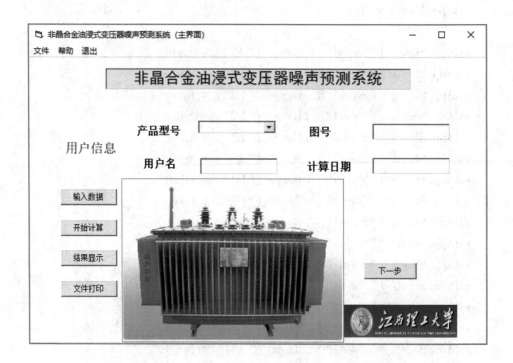

图 7-11 三相非晶合金油浸式变压器噪声预测系统主界面

7.5.2 软件系统输入产品参数界面设计

输入产品参数界面为三相非晶合金油浸式变压器噪声预测系统的参数设定界面，该界面用于铁芯参数与变压器结构参数的输入。根据非晶合金油浸式变压器噪声预测系统输入产品参数界面结构与运行流程设计，设计的软件系统主界面如图 7-12 所示。

7.5.3 软件系统预测结果输出界面设计

根据 7.3.9 节非晶合金油浸式变压器噪声预测系统预测结果输出界面结构与运行流程设计，可设计出软件系统主界面，如图 7-13 所示。

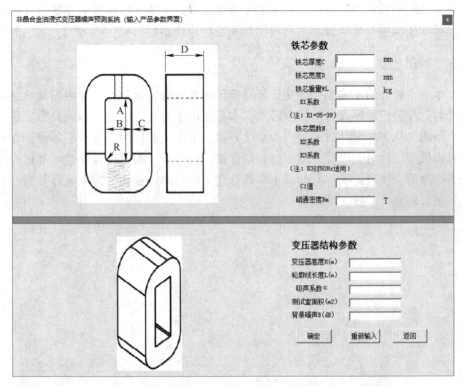

图 7-12　三相非晶合金油浸式变压器噪声预测系统输入产品参数界面

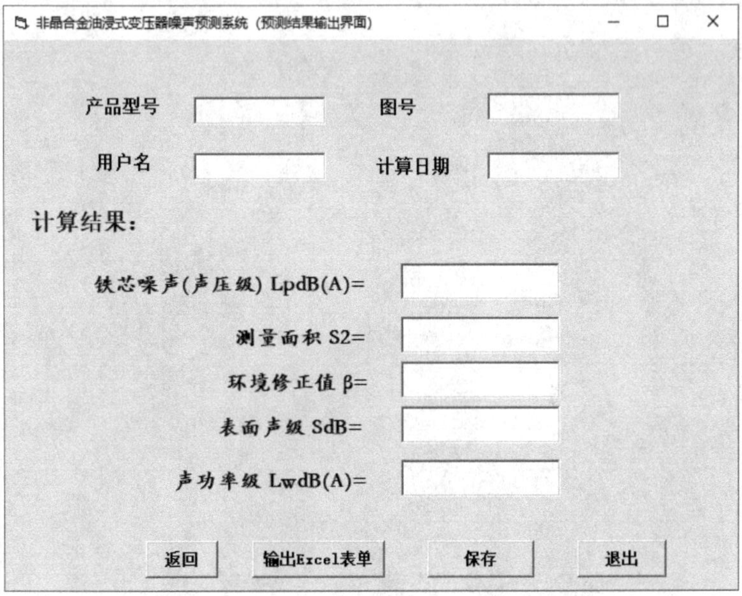

图 7-13　三相非晶合金油浸式变压器噪声预测系统预测结果输出界面

预测结果输出界面设计是三相非晶合金油浸式变压器噪声预测系统设计中用于显示变压器进行噪声预测后所得的相关噪声评价参数。

7.6　本章小结

本章主要介绍了非晶合金变压器噪声预测系统的结构设计，并根据系统结构设计对软件进行程序设计与界面开发。本系统用于对可行的变压器设计方案进行噪声预测，从多种设计方案中选取最优方案。本系统的作用是为变压器设计者或厂家提供变压器最优设计方案，达到降低变压器噪声、缩短设计时长与降低设计成本的目的，实现低噪声与低成本非晶合金变压器的产业化，为变压器制造行业带来更好的经济与社会效益。